DELIUS KLASING

Corentin de Chatelperron, geboren 1983, ist ein französischer Ingenieur, Abenteurer und Präsident der NGO Gold of Bengal. Seine Mission sind die Erforschung, Entwicklung und Förderung von Lösungsansätzen für die Probleme der autonomen Versorgung mit Wasser, Energie und Nahrung. Außerdem liegt der Fokus dabei auf dem Einsatz von Materialien, die der Natur, den Kulturen und Ressourcen der Region mehr Achtsamkeit entgegenbringen. 2009, als Corentin auf einer Werft in Bangladesch arbeitete, kam ihm die Idee, das Glasfasermaterial, das für den Bootsbau benutzt wird, durch Jutefasern, eine natürliche lokale Ressource, zu ersetzen. Corentin baute die TARA TARI, ein kleines Segelboot – es war das erste, für das Jute verwendet wurde. Mit nur 26 Jahren beschloss er 2010, sechs Monaten ganz allein damit nach Frankreich zu segeln. Drei Jahre später fand in Bangladesch die Schiffstaufe der GOLD OF BENGAL statt, eines Bootes, das zu 100 Prozent aus Jute bestand. Corentin legt eine eigenständige und moderne Vision für nachhaltige und solidarische Entwicklung vor, deren Kernpunkt auf dem technischen Wissensaustausch zwischen den Ländern liegt, damit sowohl lokale ökologische Innovationen als auch die Verbreitung dieser Lösungen möglich wird.

Nina Fasciaux, die zunächst im humanitären Bereich tätig war, arbeitete von 2011 bis 2015 als Journalistin in Russland. Zurück in Frankreich, traf sie in Concarneau anlässlich einer Reportage über die NOMADE DES MERS auf Corentin. In der Folge regte sie das Low-tech Lab an und lud verschiedene Abenteurer, gefördert durch die Stiftung Explore, ein, ihre Entdeckungen an einem Tag vorzustellen, der dem Meer und neuen Entdeckern gewidmet war und den sie 2016 im Rahmen des Forums für positive Ökonomie in Le Havre organisiert hatte.
Als freischaffende Redakteurin ist sie heute überdies europäische Botschafterin des Solutions Journalism Network mit Sitz in New York und bringt in dieser Funktion Berufsjournalisten das Konzept des Lösungsjournalismus nahe.

CORENTIN DE CHATELPERRON
UND NINA FASCIAUX

SAILING FOR FUTURE

MIT LOW-TECH UND LOW-BUDGET UM DIE WELT

DELIUS KLASING VERLAG

arte EDITIONS

EINLEITUNG

Auf welchem Weg auch immer dieses Buch in Ihre Hände gelangt ist, die Gefahr, dass Sie sich am Ende seiner Lektüre eine Art Virus eingefangen haben werden, ist groß. Es beginnt mit einer leichten Sehstörung, die »veränderter Blickwinkel« genannt wird. Die Folgen dieses ersten Symptoms sind zahlreich und noch nicht ausreichend erforscht. Ändert die Versuchsperson den Blickwinkel, ändert sie auch ihre alltäglichen Handlungen, und schließlich gibt es kein Halten mehr, und sie will womöglich die ganze Welt verändern.

Niemand weiß genau, wann und wie Corentin sich diesen Virus eingefangen hat – vermutlich als er noch sehr jung war – und sein späterer Aufenthalt in Bangladesch war der »Genesung« sicher nicht zuträglich. Glasfaser im Bootsbau durch Jutefasern zu ersetzen – was für eine Idee ... Und eine Reihe junger Ingenieure, deren Karrieren schon abgesteckt waren, ins Abenteuer zu stürzen, war das nicht die eigentliche Quelle der Epidemie? Es war nur ein Anfang ...

Die Stiftung Explore war zu dieser Zeit noch eine ganz junge Brutstätte des »Virus mit positivem Effekt«. Sie war im Hinblick auf die Einzelfälle gegründet worden, die zwar nicht gleichgeschaltet denken, die aber alle eine Vision, eine unbezwingbare Lust einigt, Grenzen zu verschieben; ein Bezugspunkt für Macher, nicht für Leute, die ihren Reden keine Taten folgen ließen. Es ist daher nur natürlich, dass die Expedition NOMADE DES MERS in unserer Basis in Concarneau vorbereitet wurde. Dieser Hochseekatamaran, der vor dem Hintergrund der benachbarten High-Tech-Rennyachten aus der Reihe tanzte, verwandelte sich durch die Wahnsinnsenergie aller Infizierten außerdem noch in ein Labor, das genauso genial wie unmöglich schien.

Corentin ist ein Visionär – freigebig und pragmatisch. Festzustellen, dass es der Welt nicht gut geht, ist keine große Kunst. Aber die Hypothese zu verfolgen, dass die Spitzentechnologie nur Lösungen für die »Happy Few« unter uns Erdbewohnern hervorbringt, dazu braucht es größeres Engagement. Seine Ärmel hochzukrempeln und auf Weltreise zu gehen, um die simplen Lösungen aufzuspüren, die jeweils als Folge eines lokalen Problems entstanden sind, ihre Erfinder vorzustellen und mit ihnen an der Verbesserung des Alltags teilzuhaben, schien wie ein sehr sinnvolles Abenteuer, aber auch wie eine Heldensage ohne großen Pomp. Dieser junge Mann hat uns auf seine weite Reise mitgenommen, die Technik und Poesie vereint.

Schließlich kam der Tag im Februar: Die NOMADE DES MERS stach in See und nahm Kurs auf Low-Tech. Ich hatte das Glück, beim Start der Reise dabei zu sein, und bewunderte die Eleganz der Hühner und ihr Gleichgewicht im Seegang der Biskaya, den Seelenfrieden der

Mehlwürmer in der Kabine und die wohlriechenden Rauchzeichen, die sich aus dem Holzsparkocher im Cockpit erhoben. Dies beseitigte letzte Zweifel: Auch ich war ein Opfer des Virus geworden.
Seither breitet die Pandemie sich aus. Im Kielwasser der NOMADE DES MERS ist das Low-tech Lab entstanden. Seine fabelhafte Besatzung ist mit Machern auf der ganzen Welt verbunden, mit all diesen Erfindern und Tüftlern, die Dingen ein zweites Leben schenken. Das Low-tech Lab macht Sie über dieses Buch hinaus im Internet mit ihren faszinierenden Erfindungen vertraut. Durch praktiziertes Open Sourcing entsteht eine wichtige Kette intelligenter und segensreicher Zusammenarbeit von Menschen.

Durch unsere klassische Brille betrachtet, fällt das Urteil oft schnell: nicht rentabel, kein Geschäftsmodell ... eine sympathische Utopie ... vielleicht ... vielleicht auch nicht. Denn wie soll man erklären, dass der Bienenkorb Explore immer mehr überbordende Tatkraft hervorbringt – Macher, die bestens ausgebildet sind oder überhaupt nicht und aus den verschiedensten Lebenswelten kommen? Sie alle sind zum selben Schluss gekommen, und zwar einem sehr einfachen: Wir werden immer mehr Menschen auf einem Planeten, dessen Ressourcen immer weniger werden – ein Problem, aber 1.000 mögliche Lösungen: lokal und mit anderen geteilt, reproduzierbar, durch kollektive Intelligenz verbessert und unter Berücksichtigung jedes Einzelnen.

Ändern wir unseren Blickwinkel, ändern wir unser Handeln vom Belanglosen zum Bedeutungsvollen. Corentin, selbst ein Meeresnomade, hilft uns, unseren Blickwinkel zu ändern, und schenkt uns so eine neue Perspektive. Sein »Virus« verbreitet sich, aber nicht im Sinne einer Epidemie, sondern mit der Wirkung eines Stärkungsmittels: gegen das Verdrängen und gegen die Angst vor Unbekanntem. Die einzige Gefahr, die uns droht, ist die, dass alles besser wird. ■

Roland Jourdain,
Seefahrer und Gründer
der Stiftung Explore

ZONE DE FRACTURES MAXWELL
MÉDIO ATLANTIQUE
COURANT NORD ATLANTIQUE
(0,4-0,8 kn)
DÉPRESSION
Monts Chaucer
Mont Crane
DE FRACTURES DE PETROV
30°W
12°W (12°E)

VORWORT

Ich erinnere mich ganz genau an meine erste Begegnung mit Corentin. Es war 2013, und er hatte den Bau seines ersten Bootes, der GOLD OF BENGAL, fast abgeschlossen. Aber anders als die normalen Boote bestand seines von vorn bis hinten aus Jutematten. Dieses Material hatte Corentin Jahre zuvor entdeckt, als er als frischgebackener Ingenieur beschloss, nach Bangladesch zu gehen.

Um die Widerstandsfähigkeit seines Werkes zu testen, schipperte er damit sechs Monate lang durch die Gewässer Südostasiens und hatte nur ein Ziel: der Welt zu beweisen, dass er völlig autark leben konnte.

Zusammen mit Frédéric Lepage vertrauten wir ihm mehrere GoPro-Kameras an, damit er seine Expedition zum Ende der Welt filmen kann.
Zwar würde seine Route hie und da die einheimischer Fischer kreuzen, aber seine einzige Gesellschaft an Bord würden die Hühner sein.

Bei seiner Rückkehr sprechen die Bilder für sich. Wir hatten nicht erwartet, was dieses zehnstündige Bildmaterial über Corentins »Leben als Abenteurer« so echt und mit so viel Emotion vermittelt. Der Film, der daraus entstand, ist verzaubernd, verblüffend, mitreißend und anrührend.

Aus diesem ersten Ausflug zur See ist Corentins großes Projekt entstanden: die NOMADE DES MERS – ein Katamaran, ausgerüstet für eine Weltreise, die originell, genial und ein wenig durchgeknallt sein würde. An Bord befindet sich außer der Spezies Mensch überwiegend Low-Tech: ganz simple Systeme, die leicht herzustellen und zu reparieren und auf die alltäglichen Bedürfnisse abgestimmt sind – Konzepte, die Corentin kostenlos mit jedem teilen möchte.

Sehr schnell wird das Boot zum schwimmenden Labor. Das Vorschiff wird zum Gewächshaus. Auf der Brücke vorn findet ein Solarofen seinen Platz; hinten liefern Hühner täglich zwei, drei Eier, und eine der Kabinen beherbergt Insekten: Sie sind es, die später die Crew mit den Proteinen versorgen sollen, die sie braucht.

Nachdem das Boot 2016 in Concarneau abgelegt hat, geht die Fahrt zunächst über zahlreiche Etappen nach Indonesien. Von dort aus setzt die NOMADE DES MERS Ende 2018 ihre Reise in Richtung Pazifik fort.

Diese Etappen und Überfahrten haben den Stoff zu 15 Filmen geliefert. Sie bezeugen die Entschlossenheit, mit der Corentin sein Projekt bis zum Ende verfolgt. Ich bin stolz auf ihn und – ja, ich bewundere ihn.

Wenn die NOMADE DES MERS ihre Segel setzt, um wieder in See zu stechen, werde ich dabei sein. Zusammen werden wir weitere Filme machen – noch schönere, noch spannendere.

Bis zu dem Tag, an dem die Bucht von Concarneau nur noch wenige Seemeilen entfernt ist und es Zeit wird, zu sagen: »Mission erfüllt« ... Aber dieser Tag kann gern noch etwas auf sich warten lassen. ■

Grégory Schnebelen, Produzent

ZONE DE FRACTURES MAXWELL
COURANT NORD ATLANTIQUE
DEPRESSION DE KINGS
Monts Chaucer
URES DE PETROV

INHALT

ADE DES ME

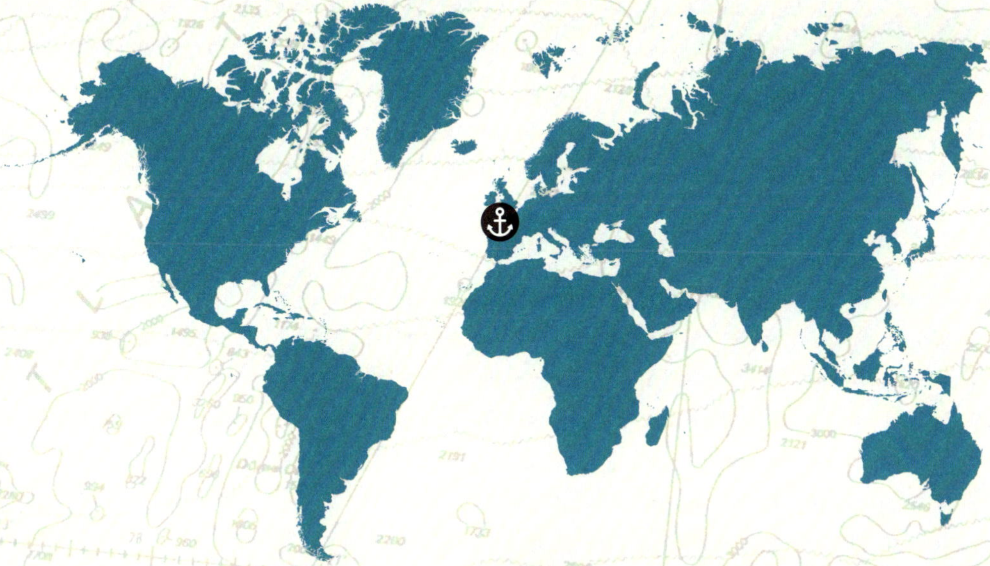

1

FRANKREICH

CONCARNEAU

LOW-TECH – BZW. BASISTECHNIK – GREIFT IM GEGENSATZ ZU HIGH-TECH AUF SIMPLE SYSTEME ZURÜCK: DAS IST PRAKTISCH, PREISWERT, LEICHT ZUGÄNGLICH UND NACHHALTIG. MIT DEM BEGRIFF LÄSST SICH ALSO EIN SYSTEM DEFINIEREN. GLEICHZEITIG LÄDT ER ZU INNOVATIVEM VORGEHEN EIN, DAS SOWOHL DEN MENSCHEN ALS AUCH DEN PLANETEN ACHTET.

551.695 KM^2

67,1 MILLIONEN EINWOHNER

117,8 $EINWOHNER/KM^2$

IM FOKUS

- 5. Mai 2018: Frankreich erreicht seinen »Überlastungstag«: Wenn die gesamte Menschheit wie die Franzosen lebte, hätte sie seit dem 1. Januar 2018 nun die Menge an Ressourcen verbraucht, die die Erde in einem Jahr generieren kann.
- Ein Franzose produziert durchschnittlich 590 Kilogramm Abfälle pro Jahr. 50 Prozent davon werden als Hausmüll entsorgt, also nicht recycelt. Sie landen auf der Müllkippe oder in der Müllverbrennungsanlage.
- Durchschnittlich 140 Tonnen Eisen, aber auch 16 Tonnen Aluminium, 680 Kilogramm Kupfer, 360 Kilogramm Blei und 343 Kilogramm Zink verbraucht ein Europäer in seinem Leben.

Hauptstadt: Paris

Bedeutende Städte:
Marseille, Lyon, Toulouse, Nizza, Nantes, Straßburg, Montpellier, Bordeaux

Amtssprache:
Französisch

MERS

AUS CORENTINS TAGEBUCH

»ICH HEISSE CORENTIN UND BIN INGENIEUR. MEIN TEAM UND ICH, WIR MÖCHTEN DANK LOW-TECH VÖLLIG AUTARK AN BORD UNSERES BOOTES LEBEN KÖNNEN. LOW-TECH, DAS SIND DIE SIMPLEN VORRICHTUNGEN, DIE MAN ÜBERALL HERSTELLEN UND REPARIEREN KANN. NUN FAHREN WIR ALSO LOS, UM RUND UM DEN ERDBALL DIE KÖPFE ZU TREFFEN, DIE SIE ERFINDEN – WENN DIESE BEKANNTER WÄREN, KÖNNTEN SIE DIE WELT VERÄNDERN.«

2013 testete Corentin die GOLD OF BENGAL aus Harz und Jute sechs Monate lang zwischen Bangladesch und Malaysia.

Concarneau ist ein mittelalterliches Städtchen in der Bretagne, das schon mehr als einen Piraten beherbergt hat. Heutzutage gibt es hier vor allem Kouign-amann, meinen Lieblingskuchen. Es ist außerdem der Heimathafen der NOMADE DES MERS, eines Katamarans, der schon sämtliche Weltmeere durchfahren und dabei Wind und Riesenwellen, peitschender Gischt und rollender Brandung getrotzt hat – kurz gesagt: Es gab einiges trocken zu wischen. Sie hätte wirklich einen ruhigen Lebensabend unter bretonischer Sonne verdient, aber so schnell wird das nicht gehen. Ich rüste sie für ein neues Abenteuer aus. Bald

»Um seine Widerstandsfähigkeit zu testen, befuhr ich in sechs Monaten ganz allein das Meer von Bangladesch nach Malaysia mit nur einem Ziel: autark zu leben. Dabei habe ich mit Technik experimentiert, die mich seit Langem fasziniert: Low-Tech, also geniale Systeme, die leicht herzustellen und zu reparieren sind und die die Grundbedürfnisse decken.«

Auf der GOLD OF BENGAL macht Corentin seine ersten Schritte in Sachen Autonomie auf dem Meer: Er hat Hühner, Kartoffelpflanzen, ein Windrad und einen Solarofen an Bord.

wird die NOMADE DES MERS bereit sein für eine Weltreise mit meinem Team und eine Erfahrung machen, wie sie noch keinem anderen Boot widerfahren ist: den Versuch, auf See autark zu leben, dank genialer Erfindungen, die ganz einfach und allen zugänglich sind.

KONSTRUKTIVES SCHEITERN

Die Idee stammt aus der Zeit, in der ich in Bangladesch lebte. Als frischgebackener Ingenieur habe ich dort unten ein paar Jahre auf einer Werft gearbeitet und die Eigenschaften der Jutefaser erkundet – einer Pflanze, die es im Gangesdelta in Hülle und Fülle gibt. Ich dachte damals, dass diese Naturfaser die Glasfaser im Bootsbau ersetzen könnte, denn das wäre sowohl auf ökologischer Ebene (Glasfaser lässt sich nicht recyceln und verbraucht viel Energie bei der Herstellung) als auch für die lokale Wirtschaft von Vorteil.

Nach zweijährigen Versuchen mit dem Team, das ich zusammengestellt hatte, stand das erste Boot aus Jute und Harz, die GOLD OF BENGAL, fertig vor uns. Um seine Widerstandsfähigkeit zu testen, befuhr ich in sechs Monaten ganz allein das Meer von Bangladesch nach Malaysia mit nur einem Ziel: autark zu leben. Dabei habe ich mit Technik experimentiert, die mich seit Langem fasziniert: Low-Tech, also geniale Systeme, die leicht herzustellen und zu reparieren sind und die die Grundbedürfnisse decken. Unter diesem Gesichtspunkt hatte ich ein paar Dinge an Bord gebracht: ein Gewächshaus für Kartoffeln, einen Solarofen, einen Holzsparofen und zudem zwei Hühner, von denen ich mir Eier erhoffte. Mein Traum war es, mit mehr Nahrung zurückzukehren, als ich mitgenommen hatte! Das hat nicht wie geplant geklappt, allerdings hatte ich auch nicht gerade viel geplant.

Zunächst war da die »Kartoffelkrise«: Meine Pflanzen verkümmerten. Und dann schleppte ich mir beim Holzsammeln auf einsamen Inseln Termiten ein, die meinen Bambusmast attackierten, und er knickte beim ersten Sturm ab. Kurz: Ich, der ich mich schon als modernen Robinson Crusoe gesehen hatte, fühlte mich bald wie ein Streuner der Meere. Selbst die Hühner legten quasi nichts in diesen sechs Monaten. Rückblickend war diese Erfahrung eindeutig kein Erfolg, gehört aber in die Kategorie »konstruktives Scheitern«.

Denn genau ab diesem Moment reifte eine Idee in meinem Kopf, eine Idee der Sorte, die einen nicht wieder loslässt: ein großes Low-Tech-Projekt zu gründen und Low-Tech vielen nahezubringen, damit solche Techniken allen zugänglich werden. Überall auf dem Planeten teilen Männer und Frauen aus unterschiedlichen Ländern, Kulturen und Ethnien ihre Erfahrungen im Internet, um einander zu helfen. Daraus ergibt sich eine unschätzbar

Die Mannschaft der Gesellschaft Gold of Bengal konnte die Expedition der NOMADE DES MERS dank der Unterstützung der Segellegende Roland Jourdain (oben rechts) in den Räumlichkeiten des »Brutofens« Explore vorbereiten.

»Wir fingen an, das Internet zu durchforsten, dicke Wälzer zu studieren und Telefonate zu führen, um die besten Low-Tech-Erfindungen weltweit zu finden. Sehr schnell eröffnete sich uns eine eigene Welt …«

wertvolle Ressource. Und ich fand, man sollte genauso bei Low-Tech-Konzepten vorgehen: Sie dokumentieren, testen, verbessern und dann freizügig miteinander teilen. Zu diesem Zweck habe ich die Gesellschaft Gold of Bengal gegründet. Seit 2009 organisiert sie Expeditionen, um technische Lösungen zu erkunden, die sich positiv auf Mensch und Umwelt auswirken. Sie betreibt überdies das Low-tech Lab. Dieses gemeinschaftliche Forschungs- und Dokumentationsprojekt verbreitet und fördert Low-Tech-Systeme und soll weltweit Antworten auf die von den Vereinten Nationen definierten Ziele nachhaltiger Entwicklung geben. Außerdem wird diese Gesellschaft mein großes Low-Tech-Projekt tragen: das Abenteuer NOMADE DES MERS.

DIE WELT DES LOW-TECH

Seit dem Ende meiner Expedition mit der GOLD OF BENGAL lebe ich in Concarneau. Dort hat mir der Segler Roland Jourdain seine Räumlichkeiten zur Vorbereitung meines Projekts angeboten. Nachdem er die Meere bereist hatte, beschloss Roland, die Weltentdecker von morgen zu unterstützen, indem er die Stiftung Explore zur logistischen Unterstützung gründete. Wir fingen an, das Internet zu durchforsten, dicke Wälzer zu studieren und Telefonate zu führen, um die besten Low-Tech-Erfindungen weltweit zu finden. Sehr schnell eröffnete sich uns eine eigene Welt: die Welt der Improvisation, der gegenseitigen Hilfe und der Kenntnisse. In Westafrika z. B. haben die Probleme der Stromversorgung die Einheimischen dazu gebracht, Windräder mit Elektromotoren aus alten Fotokopierern zu bauen. In Madagaskar hat sich das Züchten von Spirulina-Algen zur Bekämpfung der Mangelernährung entwickelt, und auf Sri Lanka konnte ein Brennstoff aus recyceltem Kunststoff gewonnen werden.

WENIGER IST MEHR

Überall erfinden Menschen Neues, um es mit den großen Herausforderungen des Alltags aufzunehmen: Zugang zu Wasser, Nahrung und Energie. Die Entwicklung, die wir genommen haben, stößt nun an zahlreiche Grenzen – Treibhausgasemissionen, Erderwärmung, Verlust der Artenvielfalt, Luftverschmutzung, Bodendegradation

Corentin hat den Ehrgeiz, aus der ***NOMADE DES MERS*** *ein schwimmendes Labor und einen Botschafter für Low-Tech in der ganzen Welt zu machen.*

und -zerstörung. Diese Entwicklung beruht im Wesentlichen immer noch auf Energiequellen und Bodenschätzen, die nicht erneuerbar sind, was früher oder später zur Verknappung führen muss.

Wenn auch technologische Innovation eine zentrale Rolle zu spielen scheint, so erklären Ingenieure wie Philippe Bihouix – Autor von *L'âge des low-tech: Vers une civilisation techniquement soutenable,* Seuil, 2014 –, dass es dennoch riskant sei, alles auf die Karte des »Ausstiegs nach oben« zu setzen; High-Tech-Lösungen benötigen nun einmal natürliche Ressourcen wie seltene Metalle, deren geeignete Wiederaufbereitung problematisch ist. Aber dank des Rückgriffs auf Low-Tech erreichen manche mit weniger mehr. Sie entwickeln lokale Wirtschaft, Arbeitsplätze, Kompetenzen und verstärken gleichzeitig Autonomie. Diese Innovationen für alle auf der ganzen Welt zugänglich zu machen, ist die verrückte Idee hinter der NOMADE DES MERS.

Die NOMADE DES MERS liegt während ihrer Verwandlung im Hafen von Concarneau. Der Katamaran wurde für die Bedürfnisse dieser Expedition komplett umgerüstet.

»Ich bin stolz auf die NOMADE DES MERS. Mit ihr können wir den Planeten durchqueren – immer auf der Suche nach den vielversprechendsten Low-Tech-Ideen …«

Um unseren Plan umzusetzen, brauchen wir ein etwas anderes Labor: ein Boot von 14 Meter Länge, das von seinen Sitzbänken und geräumigen Kabinen befreit ist, um Platz für eine Werkstatt zu schaffen, in der sich Prototypen fabrizieren und testen lassen, Pflanzen kultiviert und Insekten gezüchtet werden können. In den Rümpfen die Kabinen der Crew, eine Elektrowerkstatt, ein biologisches Labor und Stauräume; darüber ein Hühnerstall, Windräder und im Passagierraum Pflanzenzuchtnischen, damit wir, entsprechend unseren Reisestationen, verschiedene erdlose Kulturen testen können.

Wir haben vier Hühner, die meine Eltern mir anvertrauten. Sie bekommen die Namen der an Land gebliebenen Teammitglieder: Marvin, Camille, Chab und Amandine. Bevor es losgeht, stellen wir sicher, dass sie es nett haben. Ich wünsche mir, dass sie jeden Tag legen, also müssen sie sich auch wohlfühlen können. Für ein Huhn ist der Meeresblick weniger wichtig als das Gefühl der Sicherheit.

LEINEN LOS!

Bis zu unserer Abfahrt am 23. Februar 2016 kommen Freunde vorbei, um uns zur Hand zu gehen. Es tut gut, all diese Energie zu spüren und zu sehen, wie sich das Boot zur NOMADE DES MERS verwandelt. Auf dem ersten Teil der Expedition begleitet mich Élaine, die auf jeder

Einige Tage vor ihrem Aufbruch nach Marokko wartet die Crew noch auf ein günstiges Wetterfenster und nutzt die Zeit für letzte Vorbereitungen.

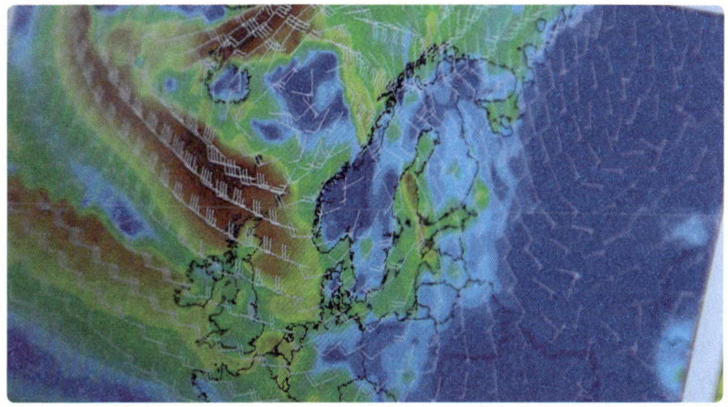

unserer Stationen Verbindung mit neuen Erfindern aufnimmt, um festzulegen, mit welcher Low-Tech-Lösung wir uns befassen. Auch Pierre-Alain, Ingenieur wie ich, ist dabei. Zunächst geht die Fahrt haarscharf nach Süden, in Richtung Afrika. Ab den Kapverden halten wir uns genau nach Westen bis Brasilien. Und schließlich segeln wir nach Südafrika, bevor es nach Asien geht. Auf diesen Tausenden Kilometern sollen uns Hunderte Low-Tech-Ideen begegnen. Als erste Station ist Marokko geplant. Doch um dorthin zu kommen, müssen wir erst einmal durch die Biskaya. Mitten im Winter ist das eines der gefährlichsten Gewässer der Erde. Am Tag unserer Abfahrt scheint die Biskaya ein wenig unruhig – genau wie wir. Überdies haben wir die NOMADE DES MERS wie einen Bauernhof ausgestattet und darüber ein bisschen vergessen, dass es sich um ein Boot handelt und wir ehrlich gesagt keine erfahrenen Seeleute sind. Es nieselt, es ist kalt und dunkel, und vor uns breitet sich ein Ozean aus, der schon so manchen verschlungen hat.

Aber wir befinden uns in Gesellschaft von erstklassigen Skippern: Roland Jourdain, der uns bis nach Spanien begleitet, und Gwénolé Gahinet, der bis Marokko dabei ist. Und ich fühle mich wieder besser, wenn ich auf all die Unternehmer, Erfinder und Enthusiasten auf dem Ponton blicke, die mir geholfen hatten, so weit zu kommen. Ich bin stolz auf die NOMADE DES MERS. Dank ihr sind wir bereit, den Planeten zu erkunden – immer auf der Suche nach vielversprechenden Low-Tech-Ideen, ein wenig wie Astronauten, die sich in eine glanzvolle Mission einbringen, erfüllt von der Hoffnung, zum Aufbau einer besseren Welt beizutragen. ■

BEGEGNUNG MIT **OLIVIER GUY**

LOW-TECH IN DER SCHULE

Olivier Guy unterrichtet Technik in einer kleinen ländlichen Sekundarschule mit 300 Schülern, etwa zehn Kilometer von Saint-Lô. Inspiriert von Corentins Abenteuer, begann er vor einigen Jahren, Low-Tech in der Schule zu unterrichten.

»Auf Corentin bin ich eher zufällig gestoßen, als ich einige Artikel zu seiner ersten Expedition von 2013 in einem Boot aus Jutefaser, der GOLD OF BENGAL, las. Die technische Herausforderung, die im Bau eines Bootes ohne Glasfaser steckt, und Cocos Vorhaben, Low-Tech an Bord zu nutzen, weckten meine Neugier«, verrät der heute 59-jährige Lehrer. Olivier unterrichtet also Schüler der Sekundarstufe (Collège Jean-Grémillon de Saint-Clair-sur-Elle, am Ärmelkanal), und als er auf Corentins Projekte stieß, schlug er ihnen vor, ein Modell der GOLD OF BENGAL zu bauen, das seine Schüler und er schließlich Corentin anlässlich des Salon nautique 2013 in Paris übergeben wollten, wo das Boot ausgestellt war.

Dieses Modell befindet sich heute in Concarneau in den Räumlichkeiten des ehemaligen Profirennstalls von Skipper Roland Jourdain, die als Logistikbasis für die NOMADE DES MERS dienen.

Dem Problem, verschiedene Werkmaschinen, die ursprünglich elektrisch betrieben wurden, mit **EINER TRETKURBEL ANZUTREIBEN,** stellten sich Olivier und seine Schüler. Ihr System, das ausschließlich aus Gebrauchtteilen bestand und schon ab Concarneau an Bord der NOMADE DES MERS installiert war, trieb eine Bohrmaschine, eine Schleifmaschine, einen Stromgenerator und sogar eine Nähmaschine an.

Seit dieser Begegnung hat Olivier den Low-Tech-Unterricht vollständig in sein pädagogisches Konzept integriert: Seine Schüler fertigen Tabletts aus Harz und Jutegewebe, Holzöfchen aus Konservenbüchsen und Telefonladestationen aus ausrangierten Batterien. Sie haben auch eine Multifunktionstretkurbel gebaut. »Die Schüler sind sehr anspruchsvoll. Die letzten nationalen Bildungsprogramme stellen viel mehr die neuen Technologien und vernetzte Objekte in den Vordergrund. Und wir haben es mit Jungvolk zu tun, das manuell noch sehr ungeschickt ist. Dennoch wollen sie unbedingt wissen, wie es geht!«, versichert Olivier. Also kommen täglich nach der Frühstückspause Jugendliche in seine Klasse, um »an Low-Tech zu werkeln«.

Zurzeit stellen Oliviers Schüler ein weiteres Modell her: das der NOMADE DES MERS! Und im Juli 2017 hat ihr Lehrer Corentin sogar zwei Etappen lang – in Thailand und Indonesien – begleitet, um bei den eigentlichen Low-Tech-Aufgaben und beim Segeln zu helfen, das er schon seit jeher betreibt. ■

Olivier Guy installiert eine Multifunktionstretkurbel an Bord der NOMADE DES MERS.

ZUM PRINZIP EINER LOW-TECH-LÖSUNG

DIE MULTIFUNKTIONSTRETKURBEL

»Es war ein Freund, der uns die erste Version der Tretkurbel ins Boot montiert hat. Ein Multifunktionswerkzeug: Man kann die Kurbel mit einem Bohrer, einer Schleifmaschine oder auch einem Stromgenerator verbinden. In der Folge konnten wir das Spektrum erweitern. In Indien brachten wir z. B. eine Reisschälmühle an und konnten so Idlis machen, kleine Küchlein aus leicht fermentiertem Teig, die ein gutes Frühstück sind.«

Corentin

WAS GENAU IST EINE MULTIFUNKTIONSTRETKURBEL?

Es ist eine Low-Tech-Vorrichtung, bei der man die Tretkurbel eines Fahrrads mit menschlicher Kraft koppelt und Strom erzeugt, mit dem verschiedene Werkzeuge betrieben werden können.

Mittelfristig kann ein Mensch eine Kraft von 50 bis 100 W erzeugen. Das kann für verschiedene Anwendungen mit geringem Energiebedarf ausreichen und so eine Lösung für das Problem der Stromversorgung bieten. Mit dem Tretkurbelsystem lässt sich eine kleine Menge Strom erzeugen, um die Batterie eines Telefons oder einer Lampe aufzuladen. Ähnlich wie die *bicimaquinas*, die man in Südamerika für das Auskörnen von Mais und die Verarbeitung von Obst verwendet, kann es auch mechanisch Werkzeuge antreiben.

Die Tretkurbel bietet eine Lösung für das Problem der Stromversorgung. Denn auch wenn seit etwa 20 Jahren enorme Anstrengungen unternommen werden, den Strombedarf zu decken, so haben doch 1,1 Milliarden Erdbewohner immer noch keinen Zugang zu Elektrizität.

WIE FUNKTIONIERT ES?

Die Tretkurbel – Das System basiert auf der Tretkurbel eines Fahrrads mit Gangschaltung, die an einer kleinen Holzkonstruktion befestigt ist, damit man beim Benutzen auf einem Stuhl sitzen kann, wie man es z. B. von antiken Nähmaschinen kennt.

Die Riemenscheibe – Um die mechanische Energie nutzen zu können, wird die Tretkurbel mit dem Antriebsscheibensystem einer alten, kleinen Säulenbohrmaschine verbunden, auf der sich Bohreinsätze, Schleifscheiben usw. anbringen lassen.

Der Dynamo – Zur Stromerzeugung wird ein Dynamo mit einem Scharnier angebracht. Wenn er angelegt wird, drückt die Generatorachse auf den Antriebsriemen, der mit der Tretkurbel verbunden ist; so lässt sich Gleichstrom von 12 V erzeugen – was ideal zum Aufladen unserer Batterien ist. ■

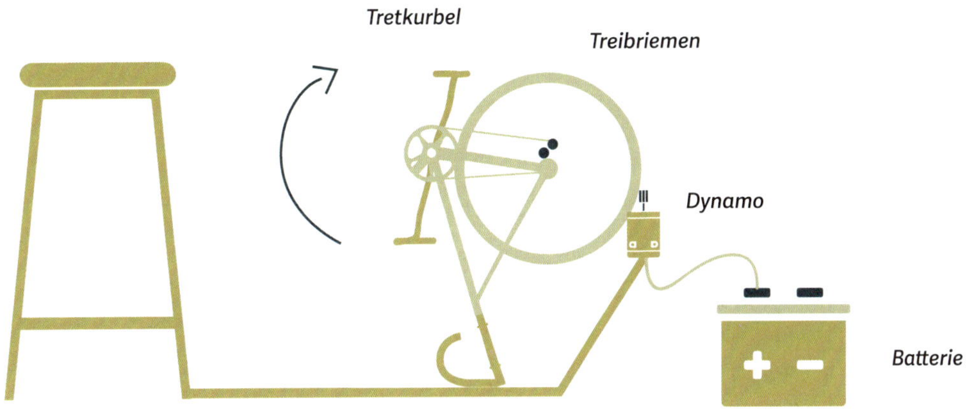

»Auch wenn seit etwa 20 Jahren enorme Anstrengungen unternommen werden, den Strombedarf zu decken, so haben doch 1,1 Milliarden Erdbewohner immer noch keinen Zugang zu Elektrizität.«

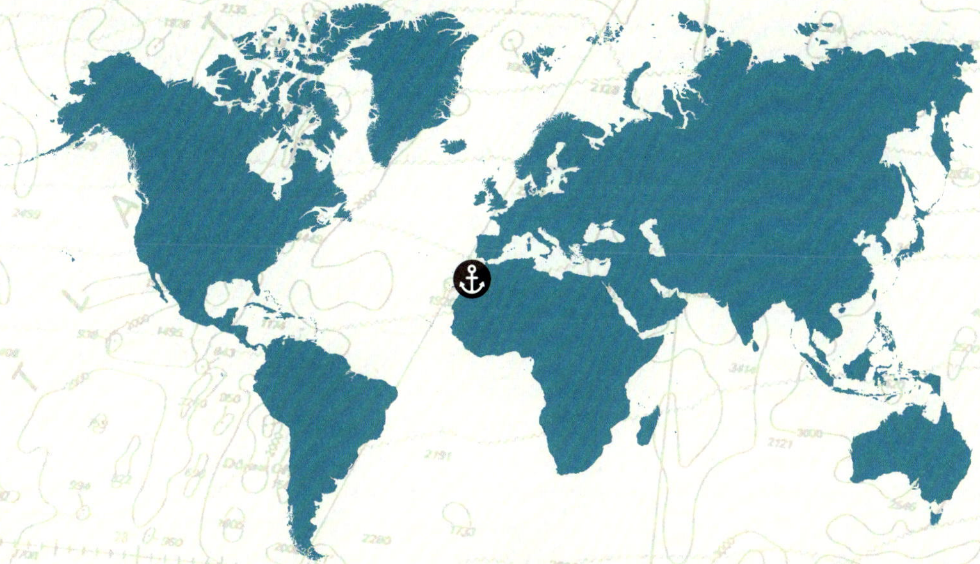

2

MAROKKO

AGADIR

DAS KÖNIGREICH MAROKKO WIRD VON VIELEN GEBIRGSREGIONEN DURCHZOGEN, DIE SICH ÜBER ZWEI DRITTEL SEINER LANDESFLÄCHE ERSTRECKEN. GLEICHZEITIG BESITZT ES WEITE HOCHEBENEN UND FRUCHTBARE KÜSTENBECKEN. DENNOCH KÄMPFT DAS LAND MIT ERNSTEN PROBLEMEN WIE DER BODENDEGRADATION, DER WASSERVERSCHMUTZUNG UND DEM VORDRINGEN DER WÜSTE.

446.550 KM²

35,3

MILLIONEN EINWOHNER

76 EINWOHNER/KM²

IM FOKUS

- Über 80 Prozent Trockenstress: Marokko steht an 19. Stelle von 20 Ländern, die am meisten durch Wassermangel gefährdet sind.
- 35.000 Kubikmeter pro Tag: So viel Süßwasser produzieren zehn kleine Entsalzungsanlagen in Marokko.
- 400.000 Kubikmeter pro Tag: Das ist die Produktionskapazität für Trinkwasser, die kurzfristig durch neue Infrastrukturen in der stark landwirtschaftlich geprägten Region Sous geplant ist. Zwei Drittel dieses Wassers sind für die Landwirtschaft bestimmt.
- 40 Prozent der aktiven Bevölkerung von Marokko sind im Agrarsektor beschäftigt und tragen fast 15 Prozent zum BIP bei.

Hauptstadt: Rabat

Bedeutende Städte: Casablanca, Fes, Tanger, Meknès, Marrakesch, Salé, Agadir

Amtssprachen: Arabisch, Tamazight

Landessprachen: arabischer Dialekt (Darija), Berbersprachen, Französisch

SONY

Hold
ME

AUS CORENTINS TAGEBUCH

»IN MAROKKO WOLLTEN WIR EINEN WEG FINDEN, AUS EINER SCHIER UNERSCHÖPFLICHEN QUELLE SÜSSWASSER ZU ERZEUGEN: DEM OZEAN.«

In Marokko, der ersten Expeditionsetappe, beschäftigt sich das Team der NOMADE DES MERS mit dem Problem des Zugangs zu Trinkwasser.

Zehn Tage nachdem wir in der Bretagne abgelegt haben, erreichen wir den afrikanischen Kontinent. Die Biskaya im Winter zu durchqueren, ist kein Vergnügen, und daher ist Agadir mit seiner marokkanischen Sonne eine willkommene Belohnung. Wir machen die Reise in Gesellschaft von herausragenden Skippern: Roland Jourdain, der uns bis Spanien führte, und Gwénolé Gahinet, der bis Marokko bleibt. Nach einem ersten Halt in Mohammedia, einem streng bewachten Ölhafen, kommen wir am 12. März in Agadir an: der reinste Riesenparkplatz für Boote, umgeben von hohen Gebäuden im Stil von Einkaufszentren – definitiv nicht der schönste Yachthafen. Aber die Leute dort sind sehr freundlich, und man isst gut. In Marokko gönne ich mir eine solche Orgie an gebackenem Fisch (Fleisch hatte ich zu der Zeit schon ganz aufgegeben), dass ich danach nur noch gelegentlich Fisch esse und schließlich überhaupt keinen mehr.

Nach der Passage der Biskaya im Winter ist die Ankunft der NOMADE DES MERS unter der Sonne Marokkos wie eine Belohnung für die ganze Mannschaft.

ZUGANG ZU TRINKWASSER

Marokko ist die erste Etappe unserer großen Fahrt auf der Suche nach Low-Tech und ihren Erfindern. Wir beschließen, uns auf die Frage nach Zugang zu Trinkwasser zu stürzen. Denn Wasser ist Leben, die Grundlage jeder Autonomie. An Bord der NOMADE DES MERS brauchen wir es täglich: für die Crew (Pierre-Alain, Èlaine und mich), die Hühner (Amandine, Marvin, Camille und Chab) und die Pflanzen (die noch keine Namen haben!). Wir wollen daher einen Weg finden, Süßwasser aus einer schier unerschöpflichen Quelle zu erzeugen: dem Ozean. Marokko ist das Königreich der Entsalzung. Bis 2030 soll die Wasserversorgung der gesamten Region Agadir auf diese Weise garantiert werden. Die Technik scheint simpel: Man trennt das Salz vom Meerwasser, damit es trinkbar wird. Allerdings verschlingt das Strom und bleibt High-Tech.

LOW-TECH-ENTSALZUNG

Noch liefert hier die Welt des Low-Tech keine Wunderlösung, aber wir haben von dem marokkanischen Erfinder Mehdi Berrada gehört, der der Sache vielleicht auf

Für Corentin hat Agadir nicht den schönsten Yachthafen von Marokko, aber die Menschen sind hier sehr freundlich, und das Team genießt die landestypischen Gerichte.

»Marokko ist das Königreich der Entsalzung. Bis 2030 soll die Wasserversorgung der gesamten Region Agadir auf diese Weise garantiert werden.«

Younès führt Corentin und Pierre-Alain seinen Entsalzerprototyp vor.

Die Mannschaft bietet ihren ersten Gästen an Bord eine Mahlzeit »Made in NOMADE DES MERS« an.

der Spur war. Zu seinem Empfang an Bord servieren wir ihm unser Captain's Dinner »Nomade des Mers«, denn unsere ersten Insekten sind erntefähig! Dazu gibt es Salat und Eier – alles aus eigenem Anbau. Es ist überdies Marvins erstes Ei, und sie erholt sich nur schwer von einer Herzattacke, die durch den Anblick eines Hundes bei unserer Ankunft ausgelöst wurde – arme Marvin, ein verstörendes Erlebnis, wir konnten sie gerade noch vor einem allzu frühen Ende bewahren!
Mehdi arbeitet mit einem befreundeten Ingenieur, Younès, am Prototyp eines Solardestillators, mit dem sie bis zu 2,5 Liter Wasser pro Tag entsalzen können – das ist aber leider nicht genug für uns. Die Crew der NOMADE DES MERS braucht 3-mal mehr, d. h. 2,5 Liter pro Person/Tag. Seit wir in Marokko sind, bemühen wir uns angestrengt, die Funktion solcher Systeme zu verstehen und dabei alle bestehenden Modelle zu erfassen. Mit unseren marokkanischen Bekannten wollen wir den Versuch wagen, einen leistungsfähigeren Prototyp auf die Beine zu stellen: »7,5 Liter auf einem Quadratmeter, das ist eine hübsche Herausforderung«, freut sich Mehdi.

»Mehdi arbeitet mit einem befreundeten Ingenieur, Younès, am Prototyp eines Solardestillators, mit dem sie bis zu 2,5 Liter Wasser pro Tag entsalzen können.«

DER SOLARDESTILLATOR

Es handelt sich um eine Kiste von einem Quadratmeter mit Glasscheibe; man schüttet Meerwasser hinein und setzt es der prallen Sonne aus. Nach und nach verdunstet das Süßwasser, kondensiert an der Scheibe, und das Salz sammelt sich am Boden der Kiste.

Für die Trinkwassergewinnung muss das verwendete Material lebensmitteltauglich, einfach und preiswert sein. Wir verwenden Plastik, das aber das Wasser belasten könnte. Daher wenden wir uns an den Töpfer Mustapha. Er überzeugt uns: Ton ist genial. Zur Ausarbeitung unserer Technik fertigen wir daher mehrere Prototypen an.

Dennoch war der Nützlichkeitsnachweis letztlich nicht schlüssig, und zwar wegen der Einschränkungen, die mit dem Ton einhergehen. Er ist recht teuer, wenig formbar, schwer und zerbrechlich – und das für einen Ertrag von nur 2,5 Liter pro Tag. Für den Moment geben wir uns mit unseren Prototypen ohne Ton zufrieden, die wir auf dem Hühnerstall montieren, um die Hühner zu tränken. Im

Mustapha, Élaine und Corentin arbeiten gemeinsam an der Herstellung eines Tongefäßes, das das destillierte Wasser des Entsalzers aufnehmen soll.

Das Team, sowie Younès und Mehdi unternehmen lange Untersuchungen und Tests, bevor sie mit einem Entsalzerprototyp zufrieden sind.

Verlauf der folgenden Etappen werde ich jedoch unablässig an der Verbesserung unserer Entsalzungsanlage weiterarbeiten, mit deren derzeitiger Leistung von fünf Litern pro Quadratmeter/Tag ich schon recht zufrieden bin.

STRATEGIEÄNDERUNG

Nach dieser Station stellen wir fest, dass die Arbeit für den Entsalzer sehr viel Zeit gekostet hat, da wir zunächst in Nachforschung und Entwicklung investiert haben und dann vor Ort an die Ausarbeitung eines Prototyps gegangen sind. Überdies konnte unser Produkt nie der Bewährungsprobe durch die Nutznießer vor Ort unterzogen werden. Bei der Abfahrt beschließen wir, unsere Strategie zu ändern. Wir wollen uns ab jetzt nur mit Low-Tech beschäftigen, die schon erfunden ist und sich lokal bewährt hat. Wir sind nicht auf

der NOMADE DES MERS, um neue Low-Tech zu erfinden, sondern um bestehende Low-Tech zu dokumentieren und schließlich zu teilen. Dennoch hat es uns diese Station ermöglicht, auf unsere ersten Erfinder zu treffen und uns bewusst zu machen, was wir schon geahnt haben: Außergewöhnliche Männer und Frauen, aus denen geniale Ideen nur so sprudeln, erfinden jeden Tag – und zwar anonym – überall auf der Welt Dinge, die eine Lösung auf Herausforderungen des Alltags liefern. Wir waren schon sehr gespannt auf die Erfinder, die wir noch entdecken würden. Am 2. April brechen wir mit unserem neuen Skipper Clément auf. Einige Tage zuvor hat uns Antoine, ein französischer Spirulina-Produzent in Marokko, ein wenig seiner Produktion für unsere schiffseigene Zucht gebracht – sie sollte uns bis Thailand erhalten bleiben. ■

»Im Verlauf der folgenden Etappen werde ich jedoch unablässig an der Verbesserung unserer Entsalzungsanlage weiterarbeiten, mit deren derzeitiger Leistung von fünf Litern pro Quadratmeter/Tag ich schon recht zufrieden bin.«

BEGEGNUNG MIT **MEHDI BERRADA**

MINIENTSALZER

Mit 31 Jahren führt Mehdi Berrada ein Unternehmen, das sich Innovationen und alternativen Ressourcen für Wasser und Energie widmet. Er begleitete unsere Herstellung des Prototyps einer Solarentsalzungsanlage bei sich in Marokko. »Tatsächlich entsalzte der Prototyp, an dem wir während des Aufenthalts der Nomade des Mers arbeiteten, nicht nur das Wasser. Es war gleichzeitig ein Destillator, d. h., er reinigte jedes kontaminierte Wasser, und zwar durch die Energie der Sonne«, erläutert der junge Ingenieur, der an der Technischen Hochschule von Compiègne, Frankreich, studiert hat. Als Sohn eines marokkanischen Architekten und einer französischen Lehrerin ist er in Agadir und Casablanca aufgewachsen und hat seine ganze Schulzeit an einer französischen Schule in Marokko absolviert.

Nach ersten Erfahrungen mit der Solarentsalzung in den Niederlanden kehrte er 2012 nach Marokko zurück, um sein Unternehmen ALTO Solution aufzubauen: »Sehr schnell habe ich mich der Innovation zugewandt. Ich wollte Neues machen, das sich vom bereits Vorhandenen unterschied.« Er interessierte sich insbesondere für das, was er seine »Easy-Tech«-Lösungen nennt und die sich die ganze Welt aneignen kann: »Wir haben einen

Das Land, das MITTELFRISTIG VON WASSERMANGEL BEDROHT IST, besitzt eine Hunderte Kilometer lange Küste und setzt mittlerweile auf den Bau riesiger Entsalzungsanlagen. Diese Großanlagen bedienen sich ausgeklügelter Komponenten und Techniken (wie der Umkehrosmose), die für ihren Betrieb ungeheuer viel Energie verschlingen. Wären wohl zweckmäßige Systeme im kleinen Maßstab für abgelegene Gebiete möglich? Das wollte die NOMADE DES MERS hier herausfinden.

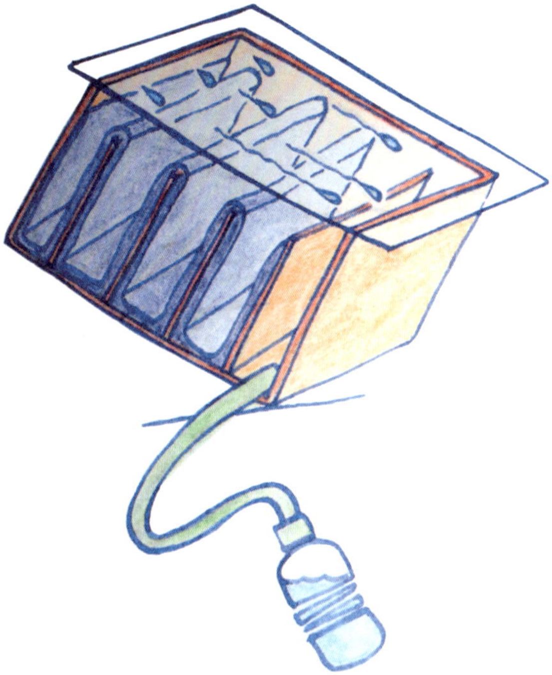

Solardestillator als Prototyp für die Partikel entwickelt, aber nicht unbedingt für den marokkanischen Markt, der schon im großen Maßstab versorgt wird.
Auf lokaler Ebene hatten wir an eine Solar-Warmluftheizung für die Gebirgsregionen gedacht, wo es sehr kalt werden kann und wo die Leute oft isoliert und abgeschnitten vom Stromnetz leben«, erinnert sich Mehdi. 2016 arbeitete er an einem zweiten Solardestillator: »Für dieses neue Modell habe ich schwarzen Ferrozement verwendet. Das ist klassischer Zement mit einem Kohlepigment. Auch hier ist die Idee, ein Material zu benutzen, das überall und ohne komplexe Formverfahren verfügbar ist, sodass die Gemeinschaften, die es benötigen, es auch selbst herstellen können.« »Der Mann, der nirgends ohne seinen Hund hingeht«, wie Corentin ihn nennt, ist leidenschaftlicher »Low-Techer«, aber ohne Sponsoren muss er sich auf einträgliche Arbeiten konzentrieren, um seine Forschung zu finanzieren. Seit 2017 ist Mehdi aus Frankreich zurück, um ein Verfahren zur Erzeugung von Solarwärme zu entwickeln und damit Unabhängigkeit von fossilen Brennstoffen zu erreichen – ein ehrgeiziges Projekt, aber er hofft, dass er sich auf diesem Weg langfristig wieder seinen Easy-Tech-Lösungen widmen kann, die allen zugänglich sind. ■

BEGEGNUNG MIT **KAOUTAR ABBAHADDOU**

DER WASSERFILTER FÜR DIE BEDÜRFTIGSTEN

Kaoutar Abbahaddou, die 25-jährige Ingenieurin aus Rabat, hat vor fünf Jahren das Projekt Vernet Access Water ins Leben gerufen. Es sucht Lösungen, die den Zugang zu Trinkwasser für die Bedürftigsten in ländlichen Regionen sicherstellen sollen. »In Marokko definiert man seine Herkunft nach der des Vaters, und mein Vater stammt aus der Sahara. Ich selbst bin zwar in Rabat geboren, aber dennoch eine Nomadin. Von Rabat bin ich nach Casablanca gegangen und dann durch meine Arbeit noch weiter herumgekommen: Tanger, Abidjan … ich bin immer in Bewegung«, lächelt die Jungunternehmerin. Kaoutar erinnert sich an diesen Tag kurz nach Beginn ihres Studiums an der Mohammedia-Ingenieurschule in Rabat –, einer der renommiertesten des Landes, an dem sich alle Studenten im Hof einfanden – in Reih und Glied und in Uniform. »Wodurch unterscheide ich mich? Welchen Auftrag habe ich, Kaoutar, hier?« Das waren die Fragen, die sich ihr hier stellten.
Um diese existenziellen Fragen beantworten zu können und ihren Weg zu finden, engagierte sich Kaoutar in zahlreichen außerschulischen und wohltätigen Aktivitäten – vom Recyceln von Plastiktüten bis zur Entwick-

FEHLENDER ZUGANG ZU TRINKWASSER ist immer noch Realität für 667 Millionen Menschen. Alle 19 Sekunden stirbt ein Kind als Folge einer Erkrankung durch verunreinigtes Wasser. Mit ihrem Start-up AWIS (African Water Innovative Solutions) hat sich Kaoutar der Erforschung und Entwicklung von Lösungen zur Wasserreinigung verschrieben, die dann der größtmöglichen Zahl von Menschen zur Verfügung stehen sollen. Für den Filterverschluss, den sie hier erwähnt und der für 5 € verkauft wird, werden weder Chemikalien noch Energieressourcen benötigt. Er passt auf 5-Liter-Flaschen, die in den entlegenen Gebieten ohne direkten Zugang zu einer Wasserquelle leicht zu transportieren sind. Er kann bis zu 1.500 Liter filtern und liefert Trinkwasser ohne Risiko.

lung von Solarkochern. Was die junge Frau interessiert, ist herauszufinden, wie Feldforschung in eine tatsächliche Unternehmensgründung münden kann. Sie wendet sich also folgerichtig dem sozialen Unternehmertum zu, das sie selbst als ein Geschäft definiert, das »auf eine soziale und umweltbezogene Problematik eingeht«, während es eine gute Rentabilität sicherstellt. »Was für mich wichtig ist, ist die Nachhaltigkeit. Wir praktizieren weder den totalen Kapitalismus noch Wohltätigkeit. Die Menschen brauchen langfristig bessere Lebenschancen, keine kurzfristige Problembehebung. Und wenn die Rendite gut ist, lassen sich durch ein zukunftsfähiges Unternehmen die meisten Menschen erreichen.« Seit sie 21 Jahre alt ist, geht sie zusammen mit anderen Studierenden daher ein großes Problem an: den Zugang zu Trinkwasser für die Bedürftigsten. »Die Lösungen, die von großen Unternehmen angeboten werden, wie die Solarentsalzung, wenden sich an einen Markt, wo der Zugang zu Trinkwasser letztlich sichergestellt ist. Aber für die Menschen in den entlegensten Regionen hat niemand eine gangbare Alternative«, erklärt sie.

Kaoutar möchte diesen Gemeinschaften eine kostengünstige Lösung bieten, die zudem nicht in ihren Lebensstil eingreift. Ihr Unternehmen brachte also eines seiner ersten Produkte heraus: den Keramikfilter, dessen Ausgangsstoffe für die Fertigung vor Ort vorhanden sind. Das Unternehmen beschäftigt Frauen für die Gestaltung und den Verkauf des Filters bei Landbewohnern. Das Konzept bewährte sich und wurde bis nach Burkina Faso exportiert. Aber schließlich wurde es trotzdem zu schwierig, die Produktqualität zu garantieren: »Wir hatten schnell ein Problem mit der Einhaltung von Verfahren und daher der Hygieneanforderungen – und mit Produktbruch, denn Ton bricht leicht!« Die junge Ingenieurin beschloss, ein anderes Produkt einzuführen, das derzeit noch in der Entwicklung steckt: einen Filterstopfen, der in Verbindung mit Aktivkohle Wasser reinigen und trinkbar machen kann. »Das ist zwar eher kein lokales Produkt, denn die Bauteile kommen aus China, aber es berücksichtigt die Gewohnheiten der Menschen hier in Marokko. Wir verkaufen einen Stopfen, der auf 5-Liter-Flaschen aufgesetzt werden kann, denn mit solchen Behältern wird hier das Wasser vom Brunnen geholt«, so Kaoutar, die hofft, dass diese Technologie schließlich völlig an die Bedürfnisse der Zielgruppe angepasst sein wird und dass die Produktion groß genug sein wird, damit alle sich seinen Verkaufspreis leisten können. ■

LOW-TECH-PROJEKT IN ARBEIT

DER SOLARWASSERENTSALZER

»Dies ist das erste System, das ich auf der Fahrt mit der NOMADE DES MERS entdeckt habe. Ich sollte viele Prototypen testen, von denen der letzte schließlich die beste Lösung bot. Hier wird ein Stück Stoff in Meerwasser getränkt und zwischen zwei Rahmen geklemmt, die mit durchsichtigen Planen bespannt sind. Dank der Sonne und der beiden Reflektoren verdunstet das Wasser aus dem Stoff und schlägt sich an den Planen nieder, während das Salz im Tuch gefangen bleibt. Das entsalzte Wasser wird über einen Schlauch in einem Behälter aufgefangen.«

Corentin

Schwierigkeit: mittel
Zeitaufwand: 5 Stunden

Für diese Low-Tech-Lösung mit einer Fläche von 1 m^2 braucht man:

- insgesamt 20 m Holzlatten (44 x 22 mm)
- Holzschrauben
- 3 m^2 reißfeste, transparente Plastikplane
- 2 m^2 dunkler Baumwollstoff
- 50 cm Kunststoffröhrchen für Wasserabfluss (Durchmesser 5–6 mm)
- 1 Fahrradschlauch
- Neoprenkleber
- 2 Flaschen zu je 5 oder 6 l
- 2 Rettungsdecken oder anderes reflektierendes Material
- Scharniere
- Schnur
- 4 m Schlauch für die Zufuhr von Meerwasser (Durchmesser 5–6 mm)
- 1 Wasserhahn

Der Solarwasserentsalzer ist eine simple Vorrichtung, mit der sich Salzwasser (Meerwasser) in potenziell trinkbares Süßwasser verwandeln lässt. Von heute 7,5 Milliarden Erdbewohnern haben 660 Millionen keinen Zugang zu Trinkwasser; 37 Länder leiden zudem unter Trockenstress – Lösungen sind dringend erforderlich.

WASSERENTSALZER SELBST GEMACHT

ERSTE ARBEITSSTUFE: ANFERTIGUNG DES ENTSALZERS

Das Gestell – Bauen Sie mit den Latten und Schrauben zwei gleich große Rahmen, deren Abmessungen Ihren Bedürfnissen entsprechen (mit einem Rahmen von 1 m^2 lassen sich 5 l Wasser/Tag gewinnen). Schrauben Sie auf jeden Rahmen ca. 10 cm vom unteren Rand eine weitere Latte zur Versteifung des Rahmens und um eine Plane spannen zu können.
Tackern Sie die Plane auf diese Verstärkungslatte, dabei muss sie auf jeder Rahmenseite ca. 10 cm überstehen. Nun spannen Sie die Plane so straff wie möglich und tackern sie auf die Rahmeninnenseite der Verstärkungslatte. Vergewissern Sie sich, dass im unteren Rahmenteil ein wasserdichtes Reservoir entstanden ist.
Nun tackern Sie einen dunklen Stoff, stramm gespannt, auf einen der beiden Rahmen vom oberen Rand des Rahmens bis zur Verstärkungslatte. Achten Sie darauf, dass die Stoffränder nicht an die senkrechten Latten des Rahmens stoßen. Der Stoff muss oben am Rahmen auf jeden Fall 10 cm überstehen, damit später der Schlauch für den Meerwasserzufluss dort eingeführt werden kann. Stellen Sie nun die beiden Rahmen eng einander gegenüber, sodass sie das Tuch umschließen, und befestigen Sie sie.

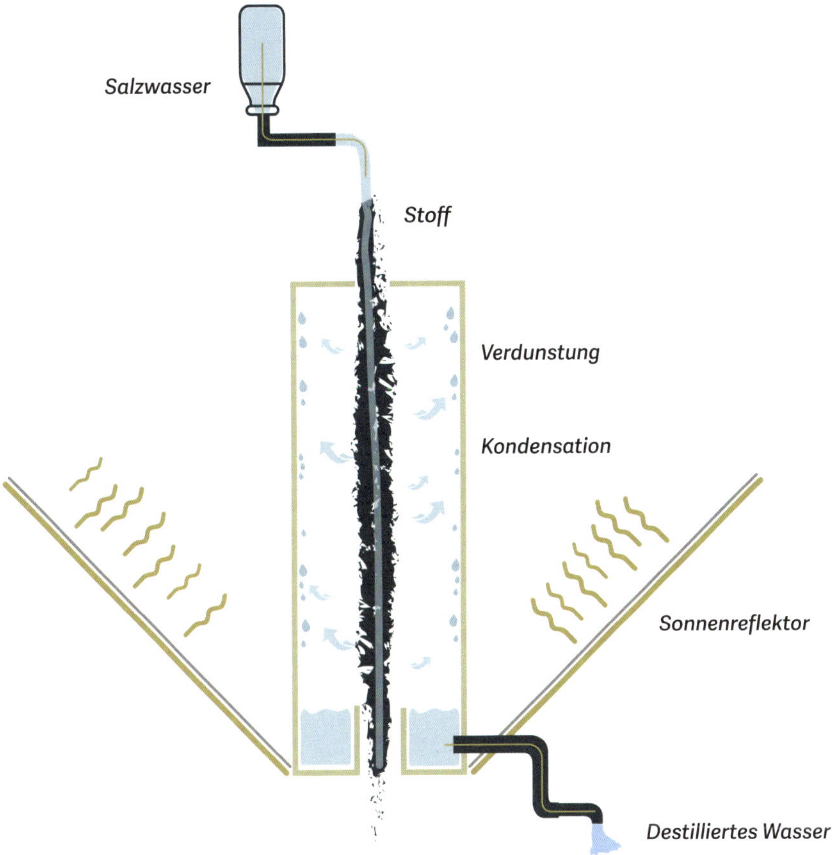

Süßwasserentnahme – Bohren Sie in eine der unteren Ecken jedes Rahmens ein Loch durch die Plane und das Holz. Dabei muss der Durchmesser etwas kleiner sein als der Ihres Plastikrohrs. Schneiden Sie einen Flicken aus dem Fahrradschlauch und kleben Sie ihn mit Neoprenkleber an die umgeschlagene Plane am unteren Rahmenrand.

Stechen Sie ein kleines Loch in den Flicken, in das das Rohr eingeführt werden kann: Dieses Loch muss deutlich kleiner sein als das Rohr, und es muss einige Mühe machen, das Rohr durch den Flicken zu schieben. Es wird zum Süßwasserauslauf des Systems.

Befestigen Sie nun eine Flasche am Ende des Rohres, die das vom System abfließende Wasser auffängt.

Bauen Sie zum Schluss mit Lattenresten vier Standfüße für den Entsalzer. Zwei der Füße müssen etwas höher sein als die beiden anderen, damit das System ein wenig geneigt ist und das gewonnene Süßwasser leicht durch das Rohr ablaufen kann.

Werkzeug

- 1 Fuchsschwanz
- 1 Elektroschrauber oder 1 Schraubendreher
- 1 Klammergerät/Tacker
- 1 Bohrmaschine mit Bits
- 1 Nähnadel

ZWEITE ARBEITSSTUFE: ANFERTIGUNG DER SONNENREFLEKTOREN

Fertigen Sie zwei Rahmen in der Größe der vorherigen an. Bespannen Sie beide mit je einer Rettungsdecke so, dass die Silberseite nach außen zeigt, und tackern Sie sie fest. Befestigen Sie darüber jeweils eine durchsichtige Plane, damit das hauchdünne Material der Rettungsdecken geschützt ist. Dazu können Sie eventuelle Planenreste aus der 1. Arbeitsstufe verwenden. Befestigen Sie den Unterrand der Reflektoren nun mit Scharnieren an den Füßen des Entsalzers. Neigen Sie die Reflektoren entsprechend dem Sonnenstand und fixieren Sie beide mit Schnur, die Sie am Außenrand der Reflektoren und am oberen Rand der Kondensatorrahmen befestigen.

DRITTE ARBEITSSTUFE: ANFERTIGUNG DES MEERWASSEREINLAUFS

Stechen Sie mithilfe einer Nähnadel alle 4 cm Löcher in einen Schlauch auf einer Länge, die der Höhe des Rahmens entspricht. Stecken Sie ein Ende des Schlauches in eine mit Meerwasser gefüllte Flasche und setzen Sie längs in der Mitte des Schlauches einen Absperrhahn ein. Wickeln Sie schließlich den am Gestell überstehenden Stoff um den perforierten Schlauchabschnitt. Hängen Sie die Flasche über dem Entsalzer auf. Mit dem Absperrhahn lässt sich die Abflussmenge regulieren, während das im Schlauch enthaltene Meerwasser durch den perforierten Abschnitt austritt und den Stoff durchtränkt.

ENTSALZER IM EINSATZ

Öffnen Sie den Absperrhahn: Das Meerwasser aus der Flasche fließt nun durch den Schlauch, tritt aus dem perforierten Abschnitt aus, wird vom Stoff aufgenommen und breitet sich so im Inneren der Vorrichtung aus. Unter Sonneneinwirkung heizt sich das Innere des Entsalzers auf, das Wasser im Stoff verdunstet, und der Stoff hält Salz und Verunreinigungen zurück. Das Wasser schlägt sich an den Planen des Gestells nieder, rekondensiert und perlt über die ganze Plane ab. Nun läuft es im unteren Teil des Gestells entlang und wird von der Flasche über den Ablaufschlauch für Süßwasser aufgefangen.
Das gewonnene Wasser wird durch den Verdunstungsprozess entmineralisiert. Daher ist es wichtig, ihm ein paar Tropfen Meerwasser zuzufügen, damit es wieder die nötigen Mineralstoffe enthält. ■

Sie wollen mehr wissen?

WIND TURBINE

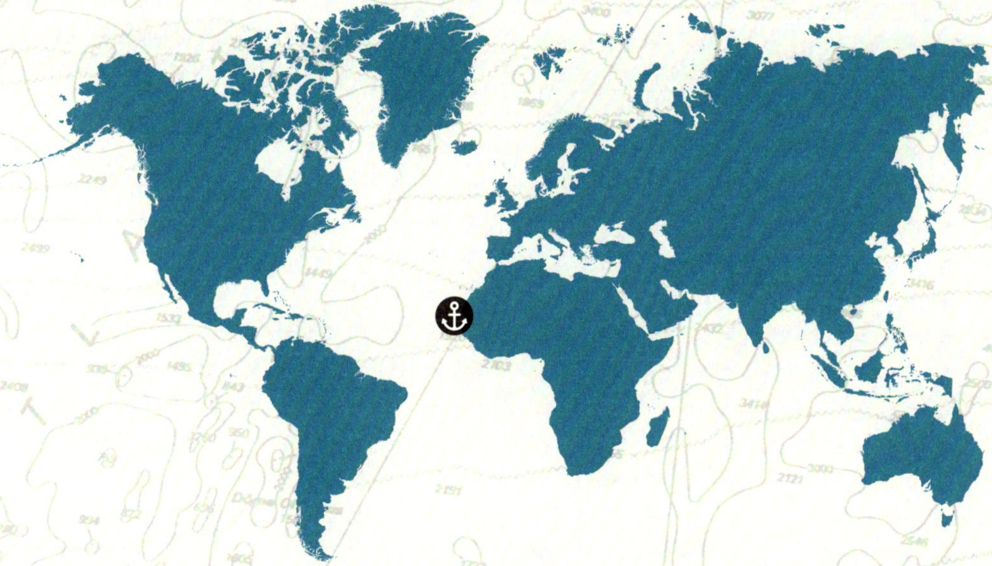

3

SENEGAL

DAKAR – TUBAKUTA

DER SENEGAL IST DAS WESTLICHSTE LAND DES AFRIKANISCHEN KONTINENTS UND WIRD AUF EINER KÜSTENLÄNGE VON 530 KILOMETERN DURCH DEN ATLANTIK BEGRENZT. ZUGANG ZU STROM STELLT HIER EIN WESENTLICHES PROBLEM DAR, DEM SICH DAS LAND GENAUSO STELLEN MUSS WIE DEM DER ENTWALDUNG. LETZTERE BETRIFFT IN DRAMATISCHEM UMFANG DIE CASAMANCE, DIE WALDREICHSTE REGION DES LANDES.

196.722 KM²

15,7

MILLIONEN EINWOHNER

79,94 EINWOHNER/KM²

IM FOKUS

- 2016 hatten 57 Prozent der senegalesischen Haushalte in städtischen Regionen Zugang zur Stromversorgung, in ländlichen Gebieten nur 30 Prozent.
- 90 Prozent der Stromproduktion stammt im Senegal aus fossilen Quellen.
- 84 Prozent des Energieverbrauchs senegalesischer Haushalte basiert auf Holz und Holzkohle. Fünf Kilogramm Holz sind nötig, um ein Kilogramm Holzkohle herzustellen.
- 40 Prozent der Wälder im Senegal, d. h. 1,2 Millionen Hektar, sind in den letzten 50 Jahren verschwunden – zum Teil in Rauch aufgegangen.

Hauptstadt: Dakar

Bedeutende Städte:
Thies, Kaolack, Ziguinchor, Saint-Louis, Tuba

Amtssprache:
Französisch

Landessprachen:
Wolof, Diola, Mandinka, Pulaar, Serer-Sine, Soninke

AUS CORENTINS TAGEBUCH

»DAKAR IST DYNAMISCH UND SEHR ATTRAKTIV – ICH LIEBE ES, GEGENDEN ZU ERKUNDEN, WO DIE MENSCHEN ANGESICHTS IHRER EINGESCHRÄNKTEN MITTEL UNGLAUBLICH EINFALLSREICH WERDEN.«

Das Fab Lab in Dakar hat eine Werkstatt mit etwa 20 Leuten organisiert, die aus ganz Westafrika gekommen sind, um dem Team beim Bau zweier Windradprototypen zu helfen.

Wir setzen unsere Atlantikfahrt mit der NOMADE DES MERS fort. Nach Marokko nehmen wir Kurs gen Süden: Vorbei geht es an den Küsten der Sahara, an der Arguin-Sandbank, an Mauretanien mit all seinen Fischerbooten und seinen fischreichen Gewässern, bis schließlich zum Senegal, d.h. zum Küstenbereich von Saint-Louis – Ort der mythischen Zwischenlandung von Saint-Exupéry. Nun sind wir drei Monate oder über 4.000 Kilometer unterwegs, mit einer mittleren Geschwindigkeit von 5 Knoten (9 km/h) – das entspricht einer viermaligen Durchquerung Frankreichs mit einem Rasenmähertraktor. Auf der NOMADE DES MERS formieren sich neue Mitglieder der Crew – Insekten! Sie liefern uns Proteine, aber damit die Produktion für unsere Ernährung ausreicht, müssen wir uns ein wenig damit befassen. Tag für Tag muss das Mehl

Die Halbinsel von Dakar ist der westlichste Zipfel Afrikas. Ein Viertel der Senegalesen lebt in der Bucht – und die ist inzwischen sehr verschmutzt.

ausgesiebt werden, das die Insekten ernährt, damit das Innere ihrer Kulturbehälter sauber bleibt. Um diese Tätigkeit ein wenig vergnüglicher zu gestalten, geben wir jedem neuen Madenbehälter den Namen eines wichtigen historischen Ereignisses oder einer Persönlichkeit mit Kultstatus. Auf der Strecke nach Dakar habe ich mich also mit dem Behälter »Tutenchamun« befasst. In ihm haben wir die Aufzucht am 4. November gestartet, also dem Tag, an dem das berühmte Grab entdeckt wurde. Überdies bringt uns Simon, ein Ingenieur, der in Marokko wieder zu uns gestoßen ist, bei, unseren eigenen Alkohol zu fabrizieren. Das Meer ist recht ruhig.

ANKUNFT IN DAKAR

Am 10. April, nach neun Tagen auf See, ist es so weit: Land in Sicht. Es ist die Landzunge von Dakar – der westlichste Zipfel Afrikas. Im Senegal, dieser ehemaligen französischen Kolonie, leben auf circa einem Drittel der Landfläche Frankreichs mehr als 15 Millionen Menschen – ein Viertel von ihnen in dieser Region Dakar. Wir entdecken eine Bucht, die einmal herrlich gewesen sein muss, aber heute extrem verschmutzt zu sein scheint: Hier landen alle Abwässer der Stadt, am gesamten Strand häufen sich Algen und Abfälle. Pierre-Alain macht uns auf den unerwarteten Wohlgeruch nach Weihrauch aufmerksam. Letztlich fliehen wir aber nach ein paar Tagen aus der Bucht und ankern im privaten Yachthafen eines Luxushotels. Sich mit Low-Tech nahe dem Pool eines Grandhotels zu beschäftigen, scheint bizarr. Im Hinblick auf die Autonomie haben wir seit der Abreise gute Fortschritte gemacht, die Bilanz könnte aber noch besser ausfallen. Was das Wasser angeht, so liefert uns der Entsalzer, den wir in Marokko gebastelt haben, keine ausreichende Menge. Es reicht kaum, um die Hühner zu tränken. Überdies ist es uns nicht möglich, Regenwasser aufzufangen, denn es regnet nicht. In puncto Nahrungsmittel sind wir auch noch weit davon entfernt, von unseren Ernten leben zu können. Immerhin scheinen sich die Pflanzen allmählich wohler zu fühlen. Und dann die Stromversorgung: Wir hängen von den Sonnenkollektoren und Windrädern ab, die wir in Frankreich gekauft haben. Nicht wirklich Low-Tech, denn so etwas kostet und ist schwer zu reparieren. An diesem Punkt werden wir während unseres Aufenthalts in Dakar arbeiten. Unsere Herausforderung: einen Weg finden, wie eine Grundversorgung mit Strom durch Low-Tech gewährleistet werden kann.

Im Fab Lab sind Erfinder und Tüftler aller Art willkommen, vorausgesetzt, sie teilen ihr Wissen mit anderen.

»Es wird schnell klar, dass Dakar auch die Hauptstadt des kreativen Tüftelns und des Systems ›Trick 17‹ ist. Die Stadt wimmelt von Machern, also Lebenstüchtigen, Erfindern und Werklern, die Dingen ein zweites Leben verleihen oder sie in etwas anderes verwandeln.«

PROBLEM: STROMVERSORGUNG

Im Senegal ist Elektrizität ein echtes Problem: 40 Prozent der Bevölkerung haben gar keinen Zugang dazu, und den übrigen sind häufige Stromausfälle nur zu vertraut. Drei Tage nach unserer Ankunft nehmen wir also unsere Windradforschung auf. Durch die Bucht fegen Winde – dies erscheint uns ein interessanter erster Weg zu sein, um dieses lokale Problem zu lösen.

Es wird schnell klar, dass Dakar auch die Hauptstadt des kreativen Tüftelns und des Systems »Trick 17« ist. Die Stadt wimmelt von Machern, also Lebenstüchtigen, Erfindern und Werklern, die Dingen ein zweites Leben verleihen oder sie in etwas anderes verwandeln. Wir wenden uns daher zunächst an die Einrichtung Kër Thiossane im Viertel Liberté. Sie hat ein Fab Lab aufgebaut: eine Werkstatt für die Macher aus Senegal und ganz Westafrika. Derzeit schießen solche Organisationen überall

Abdoulaye aus Mali repariert Fernseher, führt das Team durch die Straßen von Dakar und gibt Ratschläge zum Thema Wiederverwertung.

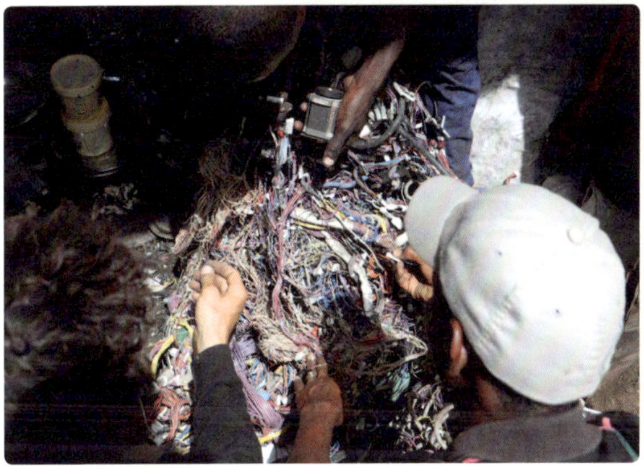

auf der Welt wie Pilze aus dem Boden – ihr Prinzip: Jeder kann hier seine Idee einbringen, sie entwickeln, die Mittel und das Know-how des Fab Lab nutzen. Einzige Bedingung: Die Pläne müssen als *open source*, d.h. also für jedermann, zur Verfügung gestellt werden. Das Ganze erweist sich als überaus fruchtbarer Boden für Innovationen, und die beteiligten Köpfe bringen die unglaublichsten Ideen hervor. Wir treffen sehr schnell auf Abdoulaye, einen Fernsehreparateur aus Mali. Als überzeugter und genialer Tüftler sammelt er regelmäßig und überall Elektroteile auf: Goldnuggets in seinen Augen! Wir laden ihn auf die NOMADE DES MERS ein und reden über Strom. Wir zeigen ihm z.B. unser Wasserpumpsystem zur Befeuchtung unserer Hydroponikkulturen, das an ein Solarmodul gekoppelt ist. »Und wenn keine Sonne da ist?«, fragt er und kommt damit gleich zur Schwachstelle. Für diesen Fall wäre ein Windrad ideal.

COLOBANE, DAS RECYCLINGVIERTEL

Wir gehen ins Viertel Colobane – ein wahres Wiederverwertungsparadies. Hier geht nichts verloren, alles wird umgewandelt, alles neu geschaffen. Man beginnt hier, an die Reinkarnation der Dinge zu glauben, und findet jede Art Elektromaterial. Hier werden Fernseher, Computer, Telefone und Drucker seziert, aufgebrochen, zerlegt und dann wiederverkauft – für Abdoulaye quasi der Tagebau der Dinge. Genau hier werden wir das Herz unseres

Im Stadtteil Colobane wird nichts weggeworfen, alles wird zu etwas Neuem. Das Team sucht hier nach dem Teil, das noch fehlt, damit das Herz des Windrads arbeitet.

Windrads aufspüren: den Motor eines alten Druckers! Alle diese Geräte wurden weggeworfen, obwohl die meisten ihrer Komponenten noch bestens funktionieren. Das nennt man geplante Obsoleszenz. Sie beruht auf dem Prinzip, dass bestimmte Teile eines Geräts im Verhältnis zu den anderen nur sehr kurz haltbar sind und es daher vorzeitig kaputtgeht. Was für eine Verschwendung, aber auch was für eine Chance für Wiederverwerter wie uns! Von außen betrachtet, ähnelt Colobane einer Müllkippe, einem Autofriedhof. Aber ist man erst darin, entdeckt man eine gut ausgebaute, dynamische und effiziente Organisation. Jeder hat hier seine Funktion, jedes Teil seinen Platz, ganz nach den Vorstellungen des Mannes, den sie Mücke nennen. Er kann auf Anfrage jedes mechanische Teil beliebiger Art anfertigen. »In einem Auto gibt es nichts, was man wegschmeißen muss. Alles wird wiederverwertet!«, stellt er nachdrücklich fest. So verwandelt sich in Colobane ein

Schließlich ist es der gebrauchte Motor eines Druckers, der das Low-Tech-Windrad für die NOMADE DES MERS zum Laufen bringt!

ganzer Hügel dessen, was wir sonst als Abfall betrachten, in eine Quelle von Gegenständen, die bereit sind für ein neues Leben. Zudem haben wir praktisch alles gefunden, was wir für den Bau unseres Windrads brauchen. Das Fab Lab hat sogar eine Werkstatt mit etwa 20 Personen organisiert, die aus ganz Westafrika gekommen sind, um uns bei der Konstruktion unserer beiden Windradprototypen zu helfen: einem klassischen großen und einem kleinen – angetrieben von unseren wiederverwerteten Motoren.

LOW-TECH DURCH UND DURCH

Das kleine Windrad, erschwinglich und sparsam, hat es uns besonders angetan. Wir haben mehrere angefertigt und auf dem Boot installiert: Wenn der Wind bläst, haben unsere Pflanzen Wasser. Es bleibt unsere Lieblingserfindung. Später wird SERTA, eine brasilianische Schule, spezialisiert auf Low-Tech-Ausbildung, sich dieser Technik bemächtigen und sie ihren Studenten vermitteln.

Am Ende unseres Aufenthalts treffen wir Cédric und Ilba, die Gründer des Vereins Cinécyclo, der überall im Senegal Filmvorführungen mithilfe eines pedalbetriebenen Stromgenerators anbietet. Da wir schon unsere Mehrzwecktretkurbel besitzen, die eben auch pedalbetrieben ist, beschließen wir, ihr System an unsere Bootsverhältnisse anzupassen, um an Bord Bilder projizieren zu können. Unsere Begegnung mit all diesen Machern hat uns die Augen für die unglaubliche Geschwindigkeit geöffnet, mit der sich Dinge verändern können.

Allerdings stellt sich ein anderes Problem: Unserer Henne Marvin geht es gar nicht gut, und wir fragen uns, ob wir ihre Eier gefahrlos essen können. Es überrascht mich, wie sehr wir an unseren Hühnern hängen. Durch die Rückschläge sind wir zweifelsohne alle enger zusammengerückt, und eins ist sicher: Wir werden alles tun, damit es ihr wieder besser geht. ■

BEGEGNUNG MIT **ABDOULAYE BOUARÉ**

IM GEIST DER RÜCKGEWINNUNG

Abdoulaye Bouaré aus Mali arbeitet als Elektroniker. Er ist Autodidakt, wagt sich an alles und erweckt alte Elektrobauteile, die reif für den Müll sind, zu einem zweiten Leben, indem er eine neue Verwendung für sie findet. Abdoulaye spricht langsam und besonnen. 1969 in Bamako geboren, hat sich dieser Familienvater nach dem Abitur der Elektronik zugewandt: »Ich habe die verschiedensten Ausbildungen absolviert. Aber die Grundlagen hat mir mein Onkel zu Hause beigebracht. Wir haben dauernd herumgetüftelt.« Mit 18 Jahren begann Abdoulaye zu arbeiten, und zehn Jahre später gründete er seine eigene Firma. Er war verheiratet und wollte »für sich selbst arbeiten«. Er baute seine Kenntnisse weiter aus und begann, sie an seine Lehrlinge weiterzugeben. »Da ich nun schon damit angefangen hatte, sammelte ich weiteres Wissen. Da könnte man sagen, ich bin ein Autodidakt, nicht wahr? Jetzt repariere ich Fernseher, installiere Solarmodule, und vor allem bilde ich junge Leute um mich herum aus«, erzählt er. Mit seinen Kenntnissen zur Fotovoltaik kam die Überzeugung, dass Energie aus einer nachhaltigeren Quelle gewonnen werden muss. »Wir haben bei uns in Afrika viel Sonnenschein und auch Wind, das war es, was mich motiviert hat.«

DIE HÄUSLICHE FOTOVOLTAIKNUTZUNG entwickelt sich im Senegal genau wie in Frankreich immer mehr zur Hauptquelle der Eigenversorgung mit Strom. Allerdings gibt es ein paar Schönheitsfehler, wie etwa die erheblichen Anfangsinvestitionen und besonders das Wartungsproblem: Die Sandpartikel in der Luft können die Module schnell bedecken und ihre Leistung verringern. Da es aber genug Wind gibt, bietet das Windrad einen zweiten interessanten Ansatz.

Nachdem er Corentin, Élaine und Pierre-Alain durch die Herstellung eines Low-Tech-Windrads begleitet hat, möchte Abdoulaye nun sein Wissen daheim in Mali, aber auch im Senegal, wohin er regelmäßig kommt, weitergeben.

Dennoch ist sein Unternehmen Höhen und Tiefen ausgesetzt, und er bedauert den Mangel an institutioneller Unterstützung in Ländern wie Mali und dem Senegal für innovative Projekte wie Windräder oder Solaranlagen. Dies zwingt den größten Teil seiner Landsleute dazu, sich auf traditionellere und risikoärmere Tätigkeiten zu konzentrieren, die Geld bringen und so Leben und sogar Überleben ermöglichen. »Beim Reichtum hinken wir noch etwas hinterher«, wie Abdoulaye es so unvergleichlich ausdrückt. Aber er bleibt hoffnungsvoll: »Die Mühe ist nicht vergebens, der Nachwuchs folgt uns. Meine Kinder packen es schon an.«

Fragt man ihn, wie viele er hat, folgt eine Pause, und dann: fünf. Heute möchte er der Vermittlung seines Wissens mehr Zeit widmen, damit alle davon profitieren können. Unter diesem Aspekt ist die Herstellung des Windrads, wie es mit dem Team der NOMADE DES MERS entwickelt wird, in einer Ecke seines Gehirns abgespeichert. »In Bamako gibt es nicht genug Wind dafür, aber woanders kann ich doch beitragen, was ich weiß«, beharrt Abdoulaye, der auf die Einladung zum Mitmachen wartet. Und Corentin fügt hinzu: »Wir liegen mit Abdoulaye auf derselben Wellenlänge: Wir wollen unsere Windradpläne als Open-Source-Projekt zugänglich machen.« Open Source heißt einfach offen, frei für alle, und wie Abdoulaye mahnt: »Wir müssen uns von dem Problem Geld befreien, denn das fehlt in Afrika.« Bleibt noch herauszufinden, wie der ideale Weg der Verbreitung von Wissen aussieht. ■

LOW-TECH-PROJEKT IN ARBEIT

DAS 20-WATT-WINDRAD

»Theoretisch funktioniert ein Windrad ganz einfach: Es wandelt Windenergie in elektrische Energie um. Der Wind dreht die Rotorblätter, die wiederum die Magnete vor den Kupferspulen bewegen, wodurch Strom erzeugt wird. Aber in der Praxis sieht die Sache etwas anders aus, denn es ist millimetergenaue Präzision erforderlich. Genau deshalb haben wir beschlossen, die Apparatur aus Spulen und Magneten durch einen recycelten Druckermotor zu ersetzen!«

Corentin

Schwierigkeit: mittel
Zeitaufwand: 1 Tag

Für diese Low-Tech-Lösung braucht man:

Material

- 1 Schrittmotor eines Druckers (mit seinem Verbindungsstift)
- farbiges Klebeband
- Flacheisen von 80 x 30 mm und mindestens 2 mm Dicke
- Lötzinn
- 40 cm PVC-Rohr mit einem Durchmesser von 55 bis 100 mm und mindestens 3 mm Dicke
- 1 Holzplatte von 50 x 50 cm und mindestens 10 mm Dicke
- 1 Holzplättchen von 80 x 80 mm
- Holzschrauben
- 2 Spannungsgleichrichter oder Diodenbrücken
- 1 Kondensator 1000 µF 16 V
- Kabel >>>

Bei dieser einfachen 20-Watt-Windanlage lässt sich mittels eines Rotors, eines Druckermotors und eines kleinen Schaltkreises Strom erzeugen. Wenn uns 20 Watt in Europa auch nicht die Energiemengen liefern, die wir täglich brauchen, so kann die Erzeugung von Strom selbst in kleinen Mengen in zahlreichen Ländern Afrikas den Alltag vieler Menschen erheblich vereinfachen, indem sie damit z. B. eine Lampe oder ein Telefon betreiben.

WINDRAD – SELBST GEMACHT

ERSTE ARBEITSSTUFE: DER SCHRITTMOTOR

Entnehmen Sie einen Schrittmotor aus einem ausrangierten Drucker. Am Motorausgang sind 6 Kabel sichtbar. Prüfen Sie mithilfe eines Elektroschraubers, eines auf »Wechselstrom« eingestellten Spannungsmessgeräts und Krokodilklemmen die Spannung am Ausstritt jedes Kabelpaars. Wählen Sie die beiden Paare mit der höchsten Spannung; diese werden später mit dem Schaltkreis des Windrads verbunden. Kennzeichnen Sie die gewählten Kabelpaare mit farbigem Klebeband, damit Sie sie nicht mehr mit den anderen verwechseln. Bohren Sie in das Flacheisen 3 Löcher (eins in die Mitte und je eins an jedes Ende) von 4 mm Durchmesser. Verlöten Sie es durch sein mittleres Loch mit der Motorachse. Es wird später mit dem Rotor des Windrads verbunden.

ZWEITE ARBEITSSTUFE: ANFERTIGEN DES ROTORS

Die Rotorblätter – Zeichnen Sie auf das PVC-Rohr 4 Rotorblätter à 35 cm Länge und schneiden Sie sie aus (es lässt sich auch ein Windrad mit 3 Rotorblättern bauen). Schmirgeln Sie die Ränder jedes Rotorblatts: Die Anströmkante (Vorderkante) muss abgerundet und die Abströmkante (Hinterkante) zugespitzt

werden. Durchbohren Sie jedes Rotorblatt nahe der Abströmkante, damit diese flach an der Halteplatte für die Rotorblätter angebracht werden kann.

Die Windfahne – Sie ermöglicht die Windnachführung des Windrads und nimmt den Druckermotor mit seinem Sockel auf. Zeichnen Sie auf die Holzplatte ein »L« von 50 x 50 cm mit einer Schenkelbreite von 10 cm und sägen Sie es aus. Markieren Sie am unteren L-Schenkel die Position für den Motor und sägen Sie das Brett so aus, dass Sie den Motor dort unter Kraftaufwendung einlassen können. Schmirgeln Sie die Kanten der Windfahne, um die Aerodynamik und daher den Wirkungsgrad zu erhöhen.

Die Grundplatte – Schrauben Sie nun ein Rotorblatt auf jede Seite des Holzplättchens von 80 x 80 mm. Überprüfen Sie, ob der Winkel zwischen den Rotorblättern jeweils derselbe ist. Messen Sie dazu mit einem Lineal den Abstand zwischen den Enden der Rotorblätter.

DRITTE ARBEITSSTUFE: ANFERTIGEN DES SCHALTKREISES

Die Spannungsgleichrichter – Am Motorausgang steht Wechselstrom zur Verfügung. Um eine Batterie aufzuladen, oder für eine Lampe ist jedoch Gleichstrom erforderlich. Deshalb müssen die zwei Spannungsgleichrichter mit dem Ausgang verbunden werden. Jeder von ihnen besitzt 4 Laschen: Die beiden in der Mitte sind die Wechselstrompole, die beiden äußeren der positive und der negative Pol. Löten Sie die (zuvor markierten) spannungsführenden Ausgänge des Schrittmotors an die Wechselstromeingänge jedes

> Material (Fortsetzung)

- 1 Spannungsregler LM7805 für 5 V Ausgangsspannung bzw. 1 Spannungsregler LM7812 für 12 V Ausgangsspannung. Statt des Spannungsreglers kann auch 1 Verstärker verwendet werden oder ein DC/DC-Booster oder auch ein Aufspanntrafo, der eine Ausgangsspannung von 5 V [USB] bei einer Eingangsspannung von 0,9 bis 5 V liefert
- 1 USB-Anschluss
- 1 Fahrradschlauch

Werkzeug

- 1 Elektroschrauber
- 1 Spannungsmesser
- Krokodilklemmen
- 1 Bohrmaschine
- 1 Lötkolben
- 1 Holzsäge und 1 Metallsäge
- 1 Lineal
- 1 Seitenschneider (zum Schneiden von Kabeladern)

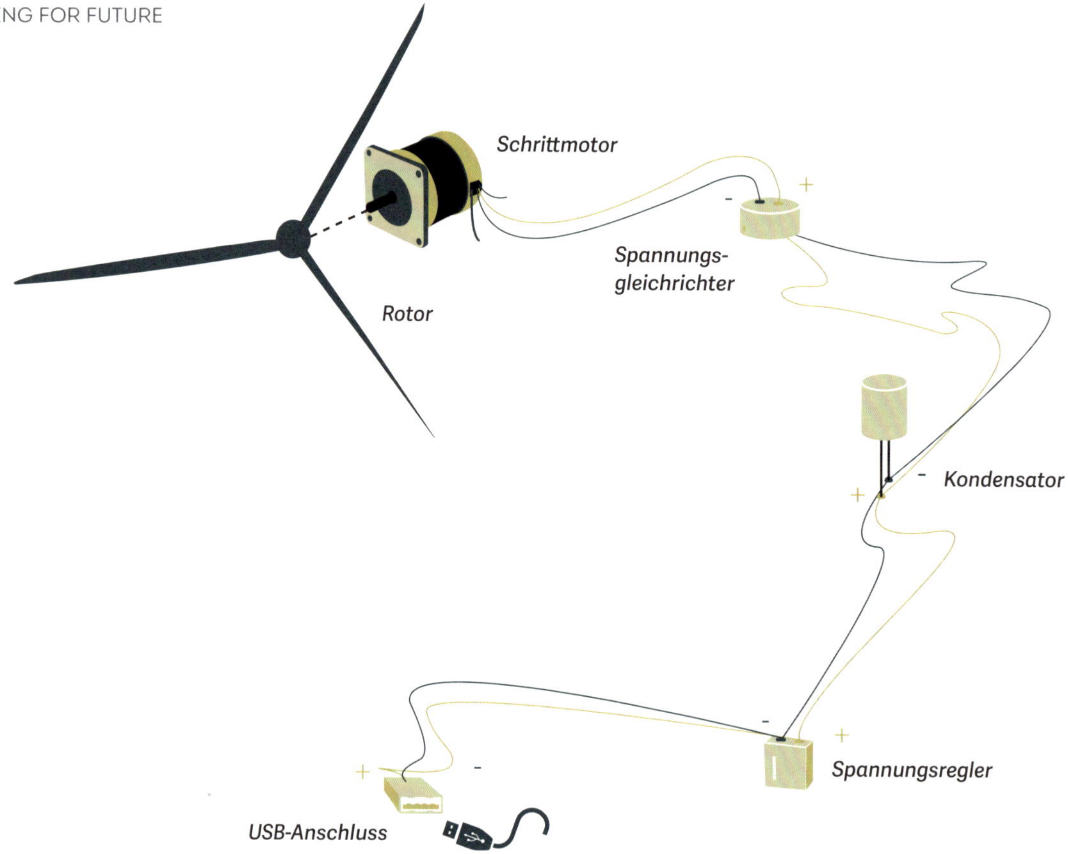

Spannungsgleichrichters: das erste Paar an die Wechselstrompole des ersten Gleichrichters und das zweite Paar an die Wechselstrompole des zweiten Gleichrichters. Verlöten Sie die negativen Ausgänge der beiden Spannungsgleichrichter miteinander, dann ihre positiven Ausgänge.

Der Kondensator – Die vom Windrad gelieferte Leistung ist nicht konstant, da sich die Windgeschwindigkeit ständig verändert. Folglich muss für eine konstante Verteilung jede Stromüberlast zwischengespeichert werden. Dazu wird ein polarisierter Kondensator verwendet: Der längere Stift ist der positive Anschluss, der kürzere der negative. Schließen Sie den Schaltkreis, indem Sie nun die Negativlasche des Kondensators mit den beiden negativen Laschen der Spannungsgleichrichter (die sie zuvor bereits miteinander verlötet haben) verlöten, und gehen Sie genauso mit der positiven Kondensatorlasche und den positiven Gleichrichterlaschen vor.

Der Spannungsregler – Er hält die Gleichstromspannung am Ausgang des Schaltkreises stabil. Wählen Sie das geeignete Modell je nach dem Objekt, das Sie mit diesem Regler verbinden wollen, und informieren Sie sich in seiner Gebrauchsanleitung über Leitungsanschlüsse und Verbindungen. Sie können dann z. B. eine Batterie, eine Glühlampe oder – wie in unserem Fall – einen USB-Port daran anschließen.

VIERTE ARBEITSSTUFE: ZUSAMMENBAU ROTOR/MOTOR

Wenn Ihr Schaltkreis fertig ist, schrauben Sie die Grundplatte auf das Flacheisen. Schneiden Sie den Fahrradschlauch der Länge nach zu einem Band auf. Umwickeln Sie Motor und Schaltkreis mit diesem Band, damit sie vor Regen und Spritzwasser geschützt sind.
Ihr Windrad ist nun einsatzbereit, und Sie können ein Telefon anschließen, vorausgesetzt natürlich, dass der Wind weht.

EINSATZ DES WINDRADS

Durch den Wind setzt sich der Rotor in Bewegung, und seine Rotorblätter drehen sich.
Montieren Sie den Rotor mit 4 Rotorblättern oben an einen Mast, damit er stärker dem Wind ausgesetzt ist. Der Wind treibt den Rotor an und dieser den Druckermotor, und dank der Energie, die die Drehung der Rotorblätter liefert, erzeugt der Motor elektrischen Strom.
Der Schaltkreis dient dazu, den Strom am Motorausgang so zu modifizieren, dass er zum Aufladen eines Telefons oder für ein anderes Gerät am USB-Port verwendet werden kann. Es ist eine Mindestwindgeschwindigkeit von 10 bis 15 km/h nötig, damit sich das Windrad dreht. ■

Sie wollen mehr wissen?

AUS CORENTINS TAGEBUCH

»WENN MAN BIS OBEN AUF DEN MAST KLETTERT, KANN MAN DIE UNENDLICHEN MANGROVENWÄLDER SEHEN, DIE SICH IN DER FERNE VERLIEREN.«

Die NOMADE DES MERS legt einen Zwischenstopp im Delta von Sine-Saloum bei Tubakuta im Südsenegal ein.

Wir verlassen Dakar am 12. Mai und erreichen am selben Tag das Delta von Sine-Saloum. Wir müssen besonders wachsam navigieren, denn die Küste ist mit Fischernetzen durchsetzt. In Djiffer, an der Deltamündung etwas nördlich der Grenze zu Gambia, machen wir inmitten von Salzgärten halt. Es gibt Tage, an denen ich mir bis in die kleinsten Details bewusst mache, wie wir in unserer Suche nach Autonomie vorankommen. Wir scheinen manchmal in einem Ökosystem zu leben, mit Pflanzen, Hühnern, Insekten, Würmern, Pilzen und uns, den Menschen. Auch wenn nicht alles so läuft, wie wir es uns wünschen würden, marschieren wir doch in die richtige Richtung – auch wenn auf den Kämmen unserer Hühner kleine Pusteln sprießen, die wir zunächst mit Amoxicillin zu behandeln versuchen. Aber wir sind beunruhigt, denn sie legen überhaupt nicht mehr. Am 13. Mai dringt die NOMADE DES MERS in einen Meeresarm vor, der ganz von

»Jeden Tag verschwinden von der Erde gigantische Waldgebiete. Jedes Jahr wird eine Fläche von der Größe Belgiens entwaldet.«

Die Region um Tubakuta ist von der Entwaldung besonders betroffen. Hauptursachen sind in diesem Teil des Landes die Gewinnung von Holzkohle, Brennholz und neuer Agrarflächen.

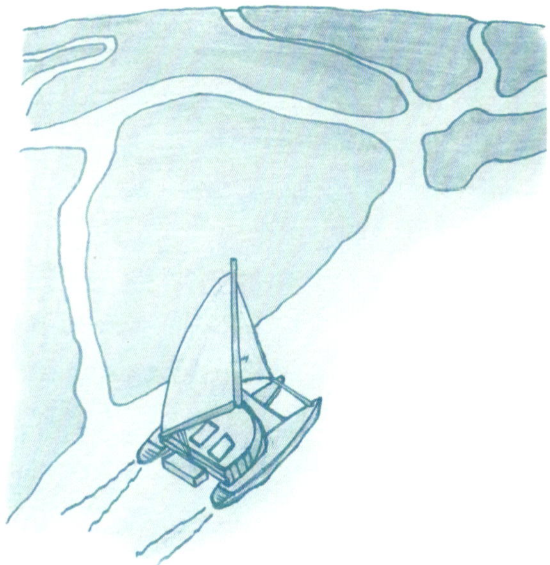

Mangrovenwäldern gesäumt ist. Ich bin fasziniert von wilden Ecken wie diesen. Unser Ziel ist Tubakuta, ein kleiner Ort, der für seine üppige Vegetation bekannt ist.

DAS PROBLEM DER ENTWALDUNG

Jeden Tag verschwinden von der Erde gigantische Waldgebiete. Jedes Jahr wird eine Fläche von der Größe Belgiens entwaldet. Der menschliche Bedarf an Brennholz fürs Kochen gehört zu einer der Hauptursachen. Und wie 3 Milliarden andere Menschen kochen wir an Bord der NOMADE DES MERS mit Holz; bei 2-mal kochen täglich kommt eine beeindruckende Brennstoffmenge zusammen. Zudem setzt unser Kocher jedes Mal dicke giftige Rauchschwaden frei. Auf der Suche nach Alternativen zu Holz haben wir von grüner Kohle oder Biokohle gehört: Kohle, die aus Pflanzenabfällen wie etwa Reisstroh hergestellt wird – eine Lösung, die uns einfach, zugänglich und effektiv erschien. Diese Technik entwickelt sich auf allen Kontinenten und speziell hier in Tubakuta, wo die Organisation Nébéday sie seit einigen Jahren nutzt, um gegen die Entwaldung, einem echten Problem dieser Region, zu kämpfen. Wir werden von Jean Goepp, ihrem Gründer, eingeladen, diesen Low-Tech-Ansatz zu erkunden. Ihm zufolge sind die Hauptursachen der Entwaldung in diesem Landesteil die Gewinnung von Holzkohle, Brennholz und neuer landwirtschaftlicher Flächen.

Das Team verfolgt, wie eine Gruppe Frauen in Taka-Soukoum grüne Kohle oder Biokohle herstellt, was von der Organisation Nébéday unterstützt wird.

ZUR HERSTELLUNG GRÜNER KOHLE

Damit wir verstehen, wie grüne Kohle hergestellt wird, rät uns Jean, einen Zusammenschluss von Frauen zu besuchen, die zwei Fahrstunden entfernt wohnen. Im kleinen Dorf Taka-Soukoum teilen sich 16 Frauengruppen die Aufgaben – von der Herstellung bis zum Verkauf. Diese eigenständige Organisation interessiert uns sehr, denn oft hängt der Erfolg einer Low-Tech-Lösung vom Geschäftsmodell ab, durch das sie getragen wird. Die Frauen sammeln täglich das verbliebene Stroh von den Feldern. Ihre Erklärungen und ihr Wissen vermitteln sie uns beinahe singend, und dabei strahlen sie eine unglaubliche Energie und gute Laune aus! Und doch ist die Herstellung der grünen Kohle für sie eine zusätzliche Aufgabe in ihrem mit Arbeit übervollen Alltag. Meist beginnt ihr Tag um 5 Uhr auf dem Markt. Sie arbeiten auch auf den Feldern, führen den Haushalt , kümmern sich um die Kinder. Sie stellen die grüne Kohle also aus wahrer Überzeugung her. Fatou, die Koordinatorin der Organisation, hilft ihnen und betreut sie: »Überall in unserem Land organisieren sich die Frauen in Interessens- und Wirtschaftsgruppen, aber auch in Verbänden. Der Beitrag der Hausfrauen in dieser Region ist außerordentlich«, bestätigt sie. Die Organisation Nébéday kümmert sich ganzheitlich um die Region – um den Wald, die Bevölkerung und auch die Mangrovenwälder. Herz dieses Ökosystems ist die Mangrove, ein Baum, der trotz des Salzgehalts des Wassers überleben kann und der zahlreichen Vogel- und Fischarten einen perfekten Schutzraum zur Fortpflanzung bietet. Und für

Mit einem Kilogramm Biokohle kann man dieselbe Menge Essen kochen wie mit einem Kilogramm Holzkohle.

den Fall, dass ich Heimweh habe – es wachsen sogar Austern auf den Mangroven! Sie ähneln tatsächlich den bretonischen Austern, ganz ausgezeichnet!

KOCHER GEGEN KOCHER

Da wir von diesem Zwischenstopp profitieren und unsere Art zu kochen ändern möchten, organisieren wir einen kleinen Wettstreit zwischen den beiden Optionen, die wir haben: dem Holzsparkocher, den wir im Senegal hergestellt haben und der enorm »rauchfreudig« ist, und dem Kocher für grüne Kohle. Es geht darum, welcher von beiden am schnellsten heizt, am wenigsten Brennmaterial verbraucht und am wenigsten qualmt. Dabei werden dieselben Töpfe, dieselben Mengen Wasser und Brennmaterial benutzt.

»Die Frauen sammeln täglich das verbliebene Stroh von den Feldern. Ihre Erklärungen und ihr Wissen vermitteln sie uns beinahe singend, und dabei strahlen sie eine unglaubliche Energie und gute Laune aus!«

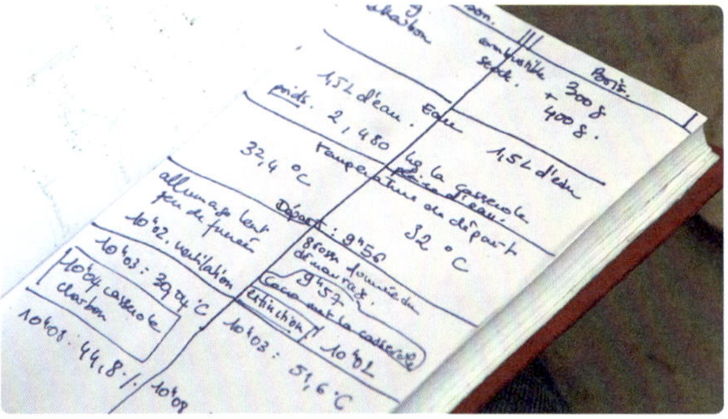

Corentin und Pierre-Alain vergleichen die beiden Optionen, die sich ihnen nun an Bord der NOMADE DES MERS bieten: den Sparholzkocher und den Biokohlekocher.

»Man sagt, dass die grüne Kohle den Wald zweifach rettet. Durch das Einsammeln des Strohs werden Buschbrände vermieden, und die Entwaldung wird verhindert, da man mit einem Kilogramm grüner Kohle dieselbe Menge Nahrung kochen kann wie mit einem Kilogramm Holzkohle.«

Das Ergebnis: Der Holzkocher kommt schneller in Gang, qualmt aber, was auf dem Boot nicht ideal ist. Der Ofen mit grüner Kohle braucht länger, bis er heiß wird, stößt aber keinen Qualm aus.

Jean weist auf ein anderes Manko der Holzkohle hin. Sie neigt zu kleinen Explosionen, die durch den Funkenflug die Häuser der Dorfbewohner in Brand setzen können. Ein Feuer aus grüner Kohle kann unbeaufsichtigt bleiben, während das Essen köchelt. Man sagt, dass die grüne Kohle den Wald zweifach rettet. Durch das Einsammeln des Strohs werden Buschbrände vermieden, und die Entwaldung wird verhindert, da man mit einem Kilogramm grüner Kohle dieselbe Menge Nahrung kochen kann wie mit einem Kilogramm Holzkohle. Wir sind daher von dieser Option überzeugt und kaufen einen großen Vorrat an grüner Kohle. Leider werden wir aber auf Holzkohle zurückgreifen müssen, wenn unser

Friedlich dringt die NOMADE DES MERS in das Delta von Sine-Saloum ein.

Vorrat erschöpft ist, da wir an Bord keine Möglichkeit haben, sie herzustellen oder anderweitig zu besorgen.

AUF ZU WEITEREN ABENTEUERN

Clément, den wir in Tubakuta trafen, findet schließlich heraus, was unseren Hühnern fehlt: Sie haben die Pocken. Er heilt sie einfach, indem er ihre Kämme mit Limettensaft einreibt. Wir sind sehr erleichtert. Das ist doch deutlich besser, als ihnen Medikamente zu geben!
Am 26. Mai, zwei Tage vor unserer Abfahrt, komme ich darauf, dass unsere Schifffahrtsbewilligung abgelaufen ist, und begebe mich ins örtliche Zollamt. Ein Furcht einflößender Herr in Uniform, umgeben von Waffen, betrachtet mich durch seine Trendsonnenbrille. Nach dem Versuch, von mir eine astronomische Summe zu kassieren, rät er mir, so schnell wie möglich abzulegen oder anderenfalls eine Verhaftung zu riskieren.
Am Vorabend unserer Abfahrt erleben wir noch ein einzigartiges Schauspiel: einen Ringkampf. In einem Stadion entdecken wir ölglänzende Typen, die nur mit einem traditionellen Höschen bekleidet sind. Ihre Vorbereitung auf den Kampf ist überaus ritualisiert, und ihre Ernsthaftigkeit beeindruckt uns.
Von dieser Reiseetappe behalten wir, dass man eine Low-Tech-Lösung immer im örtlichen, wirtschaftlichen und sozialen Zusammenhang sehen muss. In Tubakuta haben wir viel über das angemessene Vorgehen gelernt. Wir haben auch verstanden, dass die Lösung nicht allein im Low-Tech liegt. Wenn die Technik der grünen Kohle nicht mit einer an die lokale Kultur angepassten Wirtschaft einhergeht, wird sie keinen Erfolg haben. Man kann die Menschen zwar auffordern, die Natur zu respektieren, aber dieser Ansatz hält nicht stand, wenn ihr Überleben auf dem Spiel steht. ■

BEGEGNUNG MIT **JEAN GOEPP**

EINE PARTIZIPATIVE VERWALTUNG DES WALDES

Der gebürtige Franzose Jean Goepp hat den größten Teil seines Lebens im Senegal verbracht. In singendem Tonfall und einem von Wolof durchsetzten Französisch spricht er über seine Organisation Nébéday.

Mit 14 Jahren kam Jean in den Senegal und kehrte mit dem Abitur in der Tasche nur einmal nach Frankreich zurück, um dort Agrarökonomie und Entwicklung zu studieren. Sobald er sein Diplom hatte, kehrte er zurück »in das Land seiner Jugend«, dem er sich zugehörig fühlt. Nach zehn Jahren in einem Verband für Umweltschutz – »wir haben dort etwas Außergewöhnliches getan, nämlich 150 Millionen Bäume in vier Jahren gepflanzt!« – verlässt Jean Goepp ihn mit der Erkenntnis: Es ist der Mensch, der die Umwelt zerstört. Man muss also den Menschen mit ihrem Schutz verbinden, die Umwelt wieder zur Herzenssache machen. »Hier ist die Umwelt kein Luxus wie im Abendland, hier ist sie Überlebenssache. Wenn die Menschen hier die Bäume fällen, anstatt Agroforstwirtschaft zu betreiben, dann weil es für sie lebenswichtig ist. Wir müssen neue Lösungen finden, die an die Dorfgemeinschaften dieses Landes angepasst sind.« Er erzählt, dass ihn eines Tages ein weiser Alter ermahnte: »Gott pflanzt die Bäume, nicht der Mensch.« Auch wenn er dies respektiert, so denkt Jean doch, dass die Chance, heute einen Keim in Tubakuta sprießen zu sehen, quasi null ist. Man kann daher nicht darauf warten, dass sich die Lage von allein normalisiert.

DIE FÄHIGKEIT DER BÄUME, KOHLENDIOXID AUFZUNEHMEN, ist wohlbekannt und spielt eine fundamentale Rolle im Kampf gegen den Klimawandel. Neuere Studien aber zeigen, dass die Aufnahmekapazität der Wälder weitgehend unterschätzt wurde. Bei der Klimakonferenz von 2015 in Paris verpflichtete sich Indien, bis 2030 95 Millionen Hektar Wald anzupflanzen. Schon 2008 führte die Afrikanische Union ein großes Projekt ein, um die Südsahara aufzuhalten: Auf Anregung des Senegals setzten sich elf Länder dieser Region das Ziel, »eine große grüne Mauer« von 7.500 Kilometer Länge und 15 Kilometer Tiefe zu pflanzen. Bisher wurden 40.000 Hektar von den 800.000, die auf den Senegal entfallen, aufgeforstet.

Jean Goepp spricht zu den jungen Abenteurern über die Gründe für die Entwaldung und die zahlreichen Vorteile der Biokohle.

Seine Kenntnis der umgebenden Natur ist pointiert, und er hört nicht auf zu warnen: »Im Senegal geht täglich die Fläche von 300 Fußballfeldern verloren, er ist zur Wüste geworden. In der Region, in der Nébéday tätig ist, bleibt nur der staatlich geschützte Wald von Sangako; wir versuchen daher, uns um ihn zu kümmern und die Regeln neu zu definieren, sodass man in den Dörfern davon profitieren kann. Beispielsweise haben die Forstbeamten dank des Wissens der örtlichen Bevölkerung eine Baumart identifiziert, die in großer Menge vorhanden ist, und diese wird nun als einzige genutzt. Das ist das Brennholz, mit dem sämtliche Dörfer der Umgebung kochen.« Für ihn, der gesteht, dass »er das Glück hatte, aus wohlhabenden Verhältnissen zu stammen«, und der ein Apartment in Dakar sowie ein Häuschen in Tubakuta besitzt, ist das Wichtigste, ein Modell vorzustellen, dass für die Menschen lebbar ist, die vom Problem der Entwaldung direkt betroffen sind. Er gründete die Organisation Nébéday, die ihren Sitz mit zwölf Mitarbeitern in Tubakuta hat. Ihr Hauptziel ist die partizipative Verwaltung natürlicher Ressourcen, speziell der Wälder durch und für die einheimische Bevölkerung. Die Leitung haben Frauen, die nach Jean »die Zukunft des Senegals und von Afrika im Allgemeinen sind«. ■

LOW-TECH-PROJEKT IN ARBEIT

BIOKOHLE

»Man gibt das Stroh in ein Fass, höhlt einen Kamin aus, dreht das Fass um und zündet das Stroh an. Die im Stroh enthaltene Feuchtigkeit verdunstet nach einigen Minuten, die Temperatur steigt, und die Phase der Pyrolyse beginnt. Nun verschließt man das Fass hermetisch mit Lehm, was zur sauerstofffreien Verbrennung führt. Damit die so gewonnene Kohle kompakt bleibt und sich leicht anzünden lässt, fügt man Ton und zerkleinerte Erdnussschalen zu. Diese Masse wird schließlich angefeuchtet und in einer Presse zu Briketts gepresst.«

Corentin

Schwierigkeit: mittel
Zeitaufwand: 4 Tage

Für diese Low-Tech-Lösung braucht man:

Material
- 1 Metallfass zu 200 l (z. B. von einer Kfz-Werkstatt)
- 2 Griffe und 4 Füße
- 50 kg Stroh
- 70 l Wasser
- 5,5 kg Lehm
- 15 kg zerkleinerte Erdnussschalen

Biokohle (oder grüne Kohle) ist ein Brennstoff, der aus Abfällen der Landwirtschaft wie Stroh oder Erdnussschalen hergestellt wird. Diese Abfälle werden entzündet, bis sie nach und nach eine Temperatur von 400 bis 500 °C erreichen. Die ursprüngliche Biomasse wird dadurch in Kohle umgewandelt, die Holzkohle ersetzen kann.

BIOKOHLE SELBST GEMACHT

ERSTE ARBEITSSTUFE: DER MEILEROFEN

Der Ofen – Schneiden Sie mit dem Winkelschleifer in einem Boden des Metallfasses eine Klappe aus und bohren Sie mit der Bohrmaschine zahlreiche Löcher in den anderen Boden. Schneiden Sie nun den durchlöcherten Boden als abnehmbaren Deckel aus. Schweißen Sie auf dieser Seite die Griffe und die Füße an das Fass, damit es sich leichter handhaben lässt.
Die Füllung – Platzieren Sie das Fass so, dass die Seite mit dem abnehmbaren Deckel nach oben zeigt. Positionieren Sie einen Zylinder (oder den Stiel eines Werkzeugs) als Platzhalter in die Mitte des Fasses, damit die Luftzufuhr für ein leichteres Anzünden gewährleistet ist. Füllen Sie nun das Fass mit Stroh. Stopfen Sie es sehr gut aus und ziehen Sie den Stiel dann heraus. Es sollte ein gut sichtbares Loch im Stroh verbleiben. Legen Sie den Deckel wieder auf und stellen Sie sicher, dass er das Fass dicht abschließt.
Das Anzünden – Stellen Sie das Fass mit der Klappe nach oben in einer gut belüfteten Ecke auf, denn es kann beim Anzünden viel Gas und Rauch entweichen. Graben Sie eine flache runde Mulde in den Erdboden, die etwas größer ist als der Fassdurchmesser. Lassen Sie rundherum einen Kreis aus Erde stehen. Platzieren Sie das Fass in seiner Mitte: Nun sollte die Luft unter dem Fass zirkulieren können.

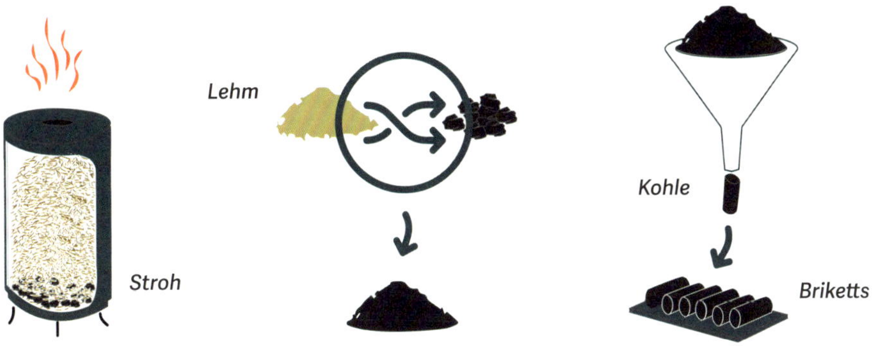

Jetzt öffnen Sie die Klappe und zünden das Stroh an; die Klappe bleibt zunächst offen. Lassen Sie das Stroh einige Minuten brennen, bis die Flamme klar ist und der Qualm weniger wird. Dann schließen Sie die Klappe wieder. Dichten Sie die Klappe und den Deckel mit feuchter Erde ab, um jede Luftzufuhr zu verhindern. Die pyrolytische Reaktion im Fass muss circa 15 Minuten ablaufen.

ZWEITE ARBEITSSTUFE: DIE MISCHUNGEN

Tragen Sie Schutzhandschuhe und Schutzmaske.

Die 1. Mischung – Öffnen Sie das Fass und leeren Sie seinen Inhalt in ein Behältnis. Fügen Sie 20 l Wasser und 4 kg Lehm zu. Mischen Sie alles mithilfe der Harke. Breiten Sie die Mischung nun auf einer Plane aus, und lassen Sie sie in der Sonne trocknen.

Die 2. Mischung – Sobald die 1. Mischung trocken ist, heben Sie die 15 kg zerkleinerte Erdnussschalen und dann 1,5 kg gestampften und gesiebten Lehm als Bindemittel unter. Durchmischen Sie diesen Mix gleichmäßig mit der Schaufel und fügen Sie 50 l Wasser zu. Um zu prüfen, ob das Mischungsverhältnis stimmt, formen Sie eine kleine Kugel und lassen sie aus circa 1 m Höhe fallen. Die Kugel muss halten: Wenn sie bricht, fehlt Wasser, wenn sie zum Matschfladen wird, enthält sie zu viel Wasser.

DRITTE ARBEITSSTUFE: PRESSEN UND TROCKNEN

Pressen – Schalten Sie Ihre Presse ein und führen Sie die Mischung nach und nach ein. So erhalten Sie lange Stränge, die Sie entnehmen und mit einer Metallform zu Briketts gleicher Länge schneiden.

Trocknen – Legen Sie die Briketts auf Trocknungsgittern in die Sonne und lassen Sie sie dort 3 bis 4 Tage trocknen.

BIOKOHLE IM EINSATZ

Ihre Briketts sind nun sofort einsatzbereit. Achten Sie darauf, die Briketts, die nicht sofort gebraucht werden, gut abzudecken und gegen Regen zu schützen. ■

Werkzeug

- 1 Schleifmaschine
- 1 Bohrmaschine
- Schweißmaterial
- 1 Zylinder oder Stiel eines Werkzeugs
- 1 Harke
- 1 Schutzmaske und -handschuhe
- 1 großes Behältnis für die Mischungen (ca. 100 l)
- 1 Plane
- 1 Schaufel
- 1 Kohlenpresse (erhältlich im Landhandel)
- 1 Metallform, um gleich große Briketts zu erhalten (z. B. eine Blechdose/-schachtel)
- Trocknungsgitter

Sie wollen mehr wissen?

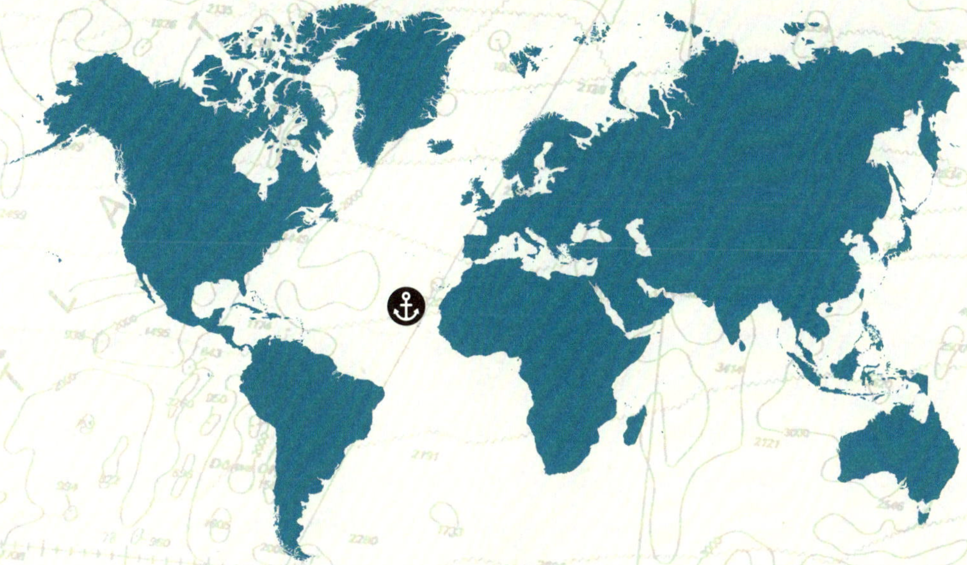

4

KAP VERDE

PRAIA

DIE KAPVERDISCHEN INSELN BESTEHEN ÜBERWIEGEND AUS VULKANGESTEIN UND VERFÜGEN ÜBER WENIG SÜSSWASSER, WESHALB SIE WEITGEHEND VOM AUSLAND ABHÄNGIG SIND: NUR ZEHN PROZENT DES LANDES SIND NUTZBARES ACKERLAND.
MEHR ALS 80 PROZENT SEINES NAHRUNGS-BEDARFS MUSS KAP VERDE IMPORTIEREN.

10 INSELN
8 INSELCHEN
4.033 KM²
520.500 EINWOHNER
129 EINWOHNER/KM²

IM FOKUS

- 80 Prozent vulkanischer Boden, der sich wenig verändert hat und daher kaum fruchtbar ist.
- Zehn Prozent nutzbares Ackerland, d. h. Flächen, die bearbeitet oder kultiviert werden können.
- Die jährlichen Niederschläge betragen 220 Millimeter. Die Kapverdischen Inseln leiden seit zehn Jahren an einer nie da gewesenen Dürreperiode. Am stärksten betroffen sind die Inseln Santiago und Santo Antão.
- Mehr als 80 Prozent der Grundnahrungsmittel (Mais, Reis, Weizen) werden importiert, und zwar in Form von Nahrungsmittelhilfen oder kommerziellen Importen.

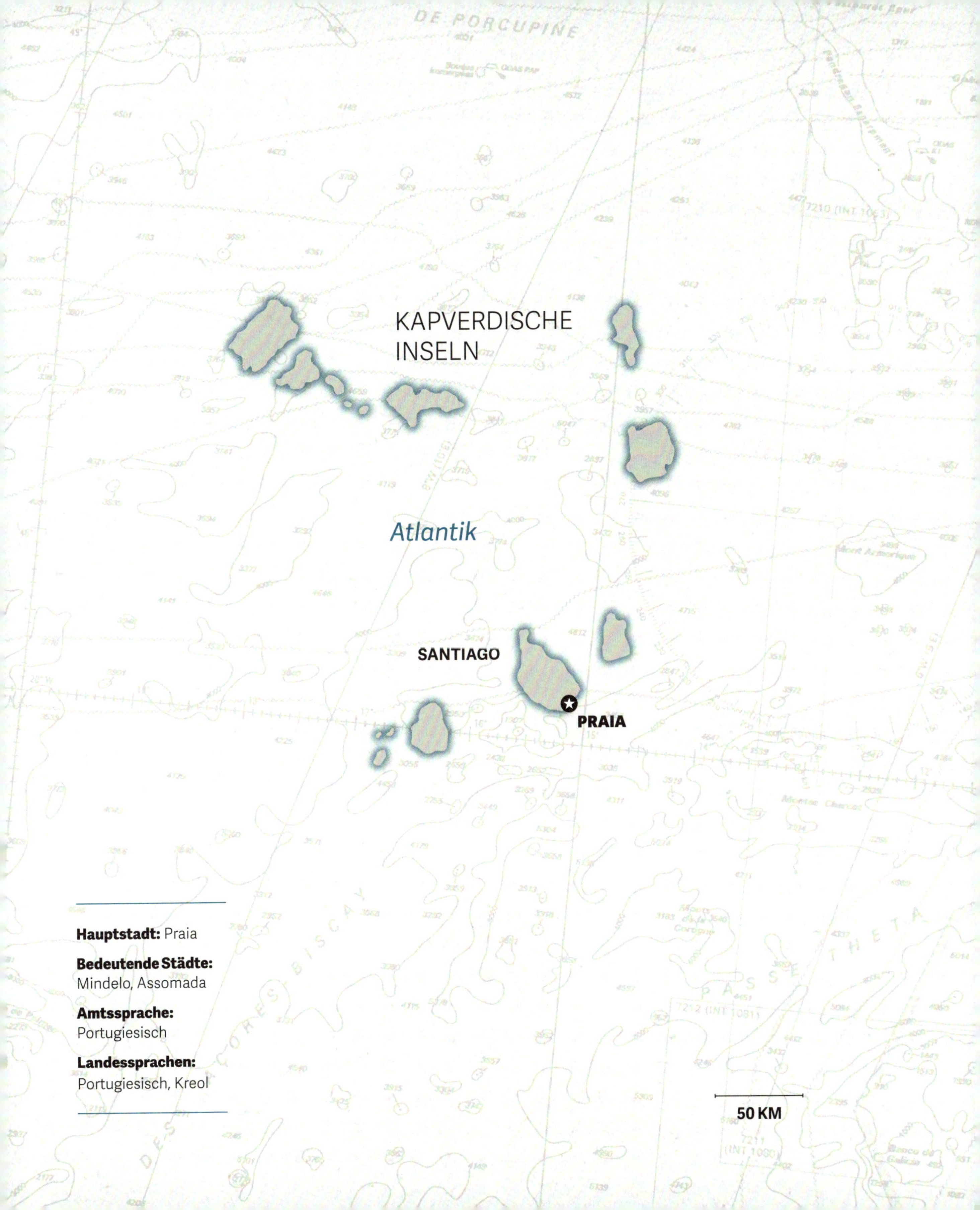

Hauptstadt: Praia

Bedeutende Städte:
Mindelo, Assomada

Amtssprache:
Portugiesisch

Landessprachen:
Portugiesisch, Kreol

NOMADE DES MERS

AUS CORENTINS TAGEBUCH

»VERDE: GRÜN – EIN WORT, DAS FÜR DIESE ETAPPE STEHT! DENN GRÜN WAR DIE FARBE DER INSELN, BEVOR DIE DÜRRE BEGANN, VOR ZEHN JAHREN.«

Von links nach rechts: Pierre-Alain, Élaine, Sergio und Corentin. Sergio ist Hydroponikspezialist aus São Domingos, Kap Verde.

Élaine, Pierre-Alain und ich verlassen die Mangrovenwälder des Sine-Saloum im Senegal am 28. Mai. Aber schon in der Mündung gibt es ein Problem: Die NOMADE DES MERS ist in dunkler Nacht in die Falle eines großen Fischernetzes gegangen. Das Ruderblatt – ein Teil des Seitenruders – ist verbogen. Das Boot läuft auf Grund, und ich muss ins Wasser springen, um das Netz mithilfe der Fischer abzuschneiden. Aber auch jetzt bleibt die Navigation wenig komfortabel. Wir bekommen gehörig Wind und hohen Wellengang, der meine Crew sehr krank macht – elend! Nach drei Tagen einer aufreibenden Überfahrt erreichen wir aber schließlich die Kapverdischen Inseln. Wir sind beeindruckt von den Bergen vulkanischen Ursprungs, die im Nebel plötz-

Trotz ihres Namens sind die Kapverdischen Inseln sehr trocken. Es regnet nur zwei Monate im Jahr, weshalb ihre Einwohner gezwungen sind, 80 Prozent ihrer Nahrungsmittel zu importieren.

»Hydroponik bedeutet, ›hängende Gärten‹ zu schaffen, bei denen die Pflanzen nicht in Erde wachsen, sondern in Wasser, das mit Nährstoffen angereichert ist.«

lich und ganz ohne Vorwarnung auftauchen. Das Land ist trocken, hier scheint nur wenig zu wachsen. Kaum sind wir in Praia, der Hauptstadt im Süden der Insel Santiago, angekommen, weisen uns die Behörden auf Sicherheitsprobleme hin. Offensichtlich treiben nachts Plünderer ihr Unwesen auf den Booten. Wir beschließen also, uns zum Norden der Insel nach Tarrafal aufzumachen. Dort stoßen Amandine und Camille vom Low-tech Lab und Diane, eine Designerin, zu uns.

DIE ENTDECKUNG DER HYDROPONIK

Wir sind auf Sergio gestoßen, einen Spezialisten der Hydroponik aus São Domingos. Hydroponik bedeutet, »hängende Gärten« zu schaffen, bei denen die Pflanzen nicht in Erde wachsen, sondern in Wasser, das mit Nährstoffen angereichert ist. Es ist klar, dass wir uns auf diese Anbautechnik konzentriert haben, die ohne Erde und mit wenig Wasser auskommt, denn Kap Verde bleibt weiterhin eine sehr trockene Region mit nur zwei Regenmonaten im Jahr. Daher sehen sich die Einwohner gezwungen, 80 Prozent ihrer Nahrung zu importieren. Diese Herausforderung verbindet sich mit einer anderen, die mich seit Langem umtreibt: Wie baut man an Bord Gemüse an? Wir haben wirklich keinen grünen Daumen, und unser Gewächshaus ist ein bisschen mickrig, aber ich bin überzeugt, dass wir unsere Teller füllen könnten, wenn wir erst damit zurechtkommen. Wir suchen also ein erschwingliches System, das einfach anzufertigen ist, mit dem wir

Nachdem sich die Crewmitglieder auf dem lokalen Markt eingedeckt haben, treffen sie sich wieder mit Thomas Blangille, dem Hydroponikexperten, der ihnen zeigt, wie man selbst organischen Dünger erzeugen kann (siehe Seite 88). Schließlich legen Corentin und Sergio eine Hydroponikkultur an, die im Boot installiert werden soll.

»Das ist die erste Etappe unserer Expedition, bei der wir keine Forschung und Entwicklung betreiben. Wir sind hier, um zu lernen, nicht um etwas weiterzugeben oder an Prototypen zu arbeiten. Bei dieser Vorgehensweise bleiben wir auch: kommen, um Experten vor Ort zu treffen und ihre Entdeckungen aufzusaugen.«

nahrhafte Pflanzen in ausreichender Menge anbauen können und das vor allem so wenig Wasser wie möglich braucht. Sergio ist in Brasilien aufgewachsen, wo Hydroponik sehr verbreitet ist. Er hat mehrere Jahre investiert, um eine Methode zu entwickeln, die perfekt auf die lokalen Materialien auf Kap Verde zugeschnitten ist. Er hat Vorbildcharakter für uns, denn er entspricht dem Unternehmer, der auf lokale Bedürfnisse mit lokalen Ressourcen reagiert. Und außerdem ist er immer gut gelaunt, wirklich nett und ansprechbar. Das ist die erste Etappe unserer Expedition, bei der wir keine Forschung und Entwicklung betreiben. Wir sind hier, um zu lernen, nicht um etwas weiterzugeben oder an Prototypen zu arbeiten. Bei dieser Vorgehensweise bleiben wir auch: kommen, um Experten vor Ort zu treffen und ihre Entdeckungen aufzusaugen. Nicht weit von Sergios Arbeitsplatz besuchen

Der Vorteil der Hydroponik liegt für die NOMADE DES MERS darin, dass sie eine gute Produktivität bei geringem Wasserverbrauch garantiert.

wir auch ein Gewächshaus mit Hydroponiktomaten. Es ist wirklich merkwürdig, meterhohe Tomatenpflanzen zu sehen, die nur in einem winzigen Säckchen mit Erde wurzeln. Alles ist im Hinblick auf ein Schlauchsystem optimiert, das die Tomaten mit Wasser benetzt. Sie sind aufgereiht wie in Supermarktregalen – es erinnert schon etwas an eine Fabrik! Sergio baut da eher »ursprünglich« an. Sein Betrieb besitzt kein Gewächshaus, sondern ein großes Zelt aus Sonnenschutznetzen. Darunter befinden sich Holzkisten, in denen Rucola, Petersilie, Salat, Erdbeeren und Spinat gedeihen.

DER BIOFILTER – EIN ORGANISCHER DÜNGER

Thomas Blangille, ein Hydroponikexperte, der für General Hydroponics, einen Partner unserer Expedition, arbeitet, gesellt sich zu uns. Er will uns zeigen, wie man einen Biofilter baut, der zusammen mit Wurmkompost einen organischen Dünger ergibt, den Pflanzen unmittelbar aufnehmen können. So lässt sich der Einsatz von weniger ökologischen Düngern für Nahrungspflanzen vermeiden. Für die NOMADE DES MERS arbeiten wir zusammen, um zwei Substrate zu entwickeln: 1. das von Sergio, das aus Torf und Sand auf einem Bett aus vulkanischem Schotter besteht (sehr effektiv, denn die Bakterien können sich in den Poren ansiedeln, was einen positiven Effekt auf das Pflanzenwachstum hat); 2. das von Thomas; es besteht aus Kokosnussfasern (ökologischer als Torf, denn das Torfmoor beherbergt eine besondere Flora und Fauna mit fragilem Ökosystem) und klein geschnittenem Stroh, das ebenfalls auf einem Steinbett liegt. Vor diesem Hintergrund kaufen wir vor Ort Saatgut für unsere Schiffs-

plantage: Blattsalat, Amarant, Rucola und hauptsächlich Mangold – von dem wir schnell genug haben, auch wenn wir nicht mehr als 100 Gramm pro Tag ernten! Wir hatten auf Mangold gesetzt, weil man davon alles essen kann, aber leider stimmte auch, dass er uns nicht besonders gut schmeckte.
Auf Kap Verde beginne ich, jeden Tag die Daten unserer Hydroponikproduktion und der benötigten Ressourcen festzuhalten. Ich komme zu dem Schluss, dass 100 Liter Wasser für ein Kilogramm Mangold gebraucht werden.

ANBAU VON LUZERNE

An Bord haben wir uns auch auf den Anbau von Luzerne gestürzt. Sie hat vor einigen Tagen gekeimt, und wir setzen die Pflänzchen nun in Hydroponiken um. Ich dachte immer, Luzerne wäre Futter für Kühe, aber sie scheint eher eine geniale Pflanze!
Sie wächst sehr schnell, ist reich an Vitaminen und Mineralstoffen und könnte zu einer unserer Hauptquellen für pflanzliches Eiweiß werden. Sie stammt aus

Rucola, Mangold, Blattsalat, Amarant, Luzerne ..., eine Menge Gemüse wächst an Bord der **NOMADE DES MERS.**

»Auf Kap Verde beginne ich, jeden Tag die Daten unserer Hydroponikproduktion und der benötigten Ressourcen festzuhalten. Ich komme zu dem Schluss, dass 100 Liter Wasser für ein Kilogramm Mangold gebraucht werden.«

Asien, wächst aber überall auf der Erde. Man nennt sie auch Alfalfa, was vom Arabischen *al-fac-facah* (Vater aller Nahrung) kommt. Klasse! Es ist die am häufigsten angebaute Leguminosenart der Welt. Ein Großteil der Produktion wird zu Pellets für Tierfutter verarbeitet.
Aber Achtung, es gibt auch Risiken: Bei Kühen, die Luzerne futtern, kann es zu Meteorismus kommen, d. h., der Bauch wird durch Gasbildung aufgebläht. Eine Zigarette sollte man daher nicht in ihrer Nähe anzünden.
Auch Menschen dürfen nicht zu viel Alfalfa essen, da es zu Leberproblemen kommen kann. Am Ende unseres Aufenthalts kehren wir zum Yachthafen von Mindelo auf der Insel São Vicente zurück, um das Boot für die Atlantiküberfahrt klar zu machen: Kurs Brasilien.

Sergio hat uns mit einem einheimischen Gericht aus roten Bohnen, Mais und »was der Kühlschrank hergibt« bekannt gemacht: der Katxupa. Sehr gut, sehr kräftig, und die Kapverdier essen es zu jeder Tageszeit, sogar zum Frühstück!
Wir nehmen rote Bohnen und einen Hahn an Bord, der uns vom Arte-Regisseur geschenkt wurde. Er heißt Doudou (der Hahn, nicht der Regisseur!) – der Anfang eines schwierigen Unternehmens für die Hühner und die Crew ... Die Hühner schüchtern Doudou sofort ein und greifen ihn an. Ohne ihm Zeit für den Erwerb der Seetüchtigkeit zu lassen, legen wir zu unserer Atlantiküberquerung ab – das ist nichts für einen Hahn! Und ich denke, er sann dann auf Rache ... ■

Die Mannschaft macht sich fertig für die Überquerung des Atlantiks ... mit den Hühnern! Im Hintergrund ist der Hühnerstall – über dem Wasser schwebend – zu sehen.

BEGEGNUNG MIT **SERGIO MONTEIRO ROQUE**

HYDROKULTUR »FÜRS VOLK«

In São Domingos baut der Agraringenieur Sergio Monteiro Roque Salat in Hydroponik an und beliefert mit seinen Erträgen Hotels in Praia.

Geboren in Brasilien, aber mit kapverdischen Eltern, hat Sergio vor sechs Jahren beschlossen, die Hydroponik, die in seinem Geburtsland schon genutzt wurde, nach Kap Verde zu exportieren. »Am Anfang stand, dass sich andere Landwirte und ich fragten, wie das Wasser in Santa Cruz am besten rationalisiert werden könnte. Und daraus ist die Idee entstanden, die Hydroponik einzuführen.« Durch sie lässt sich das vermeiden, was Sergio »Nahrungsstress für die Pflanzen« nennt. Dieser ist vor allem dem geringen Niederschlag des Archipels geschuldet. Bei der Hydroponik vollzieht sich die Ernährung durch die Mineralstoffe im Wasser. »Wenn die Pflanzen Phosphor brauchen oder Calcium, sind diese sofort verfügbar. Sie müssen nicht auf Regen warten wie auf dem Acker«, erläutert Sergio. Das vermeidet zudem steigenden Düngereinsatz in der Natur. Durch staatliche und internationale Unterstützung konnte er vor einigen Jahren seine ersten Gewächshäuser errichten – technisch wenig anspruchsvoll, aber durchaus zielführend. Derzeit baut Sergio Salat, Kräuter und Erdbeeren an, woran besonders die Hotels interessiert sind. Seine Erzeugnisse sind ein bisschen teurer, aber qualitativ hochwertiger, denn die Produkte sind nicht durch Stoffe belastet, die normalerweise im Ackerbau verwendet werden und die, so sagt er, »die Pflanzen daran hindern, richtig zu wachsen«.

IN EINEM HYDROPONIKSYSTEM wachsen die Pflanzen in einem Behälter auf einem Substrat, das nur dazu da ist, dass sie wurzeln können. Die Nährstoffe (Mineralien) werden durch das Wasser zugeführt, mit dem die Pflanzen befeuchtet werden. Überschüssiges Wasser wird zur weiteren Bewässerung zurückgewonnen. Dadurch kommt man letztlich mit 3-mal weniger Wasser aus als bei Feldkulturen, bei denen auch noch die Platzverhältnisse begrenzter sind. Sergio bestätigt überdies einen intensiven Wachstumsrhythmus: für Salat 45 Tage gegenüber 60 bei Feldkulturen.

Sergio hat sich die nötige Anlage für den erdlosen Anbau auf dem Boot ausgedacht und sie gebaut: Er hat PVC-Rohre durchgesägt und sie in der Messe aufgehängt.

Sergio kam zum ersten Mal an Bord, als die NOMADE DES MERS anlegte. Nach ein paar Messungen dachte er darüber nach, wie sich die Hydroponik an Bord am besten einrichten ließe. Schließlich sägte er PVC-Rohre von 1,9 Meter Länge durch und erhielt dadurch Kulturwannen, die er in unserer Messe im Heck direkt vor den Scheiben anbrachte. »Es muss ein simples System sein, damit die Pflanzen von dieser Helligkeit profitieren können«, erklärt er. Es war für Sergio eine einmalige Gelegenheit, seine Methode der Hydroponik an Bord eines Schiffes auszuprobieren. »Ich finde die Idee toll! Und wenn alles mit Pflanzen zugewachsen ist, werde ich sehr glücklich sein!« Er vergaß auch nicht, die Crew zu unterweisen. »Ihr müsst zweimal am Tag gießen: Durch die kleinen Löcher, die wir in die PVC-Rohre gebohrt haben, lässt sich überschüssiges Wasser zurückgewinnen und wiederverwenden.«

Pierre-Alain, unser Verantwortlicher für das Low-Tech-Labor der NOMADE DES MERS, bekräftigt: »Sergio ist ein Lebenskünstler und oft zu Späßen aufgelegt. Er hat uns eingeladen, in der Hütte auf seinem Land herumzuwerkeln, in die er sich wohl zurückzieht, wenn er seine Ruhe haben will. Ein Bett in der Ecke, Werkzeug und draußen Testreihen zur Hydroponik – das ist alles. Ich glaube, ich habe in den folgenden Etappen unserer Reise nie wieder so feste Bande geknüpft wie mit diesem großen Neuerer mit dem großen Herzen.«

Zur Weiterentwicklung unterrichtet Sergio auch Hydroponik für Landwirte, die das System in ihren Betrieb übernehmen möchten. Sein Wunsch: eine »Hydroponik fürs Volk« zu entwickeln, die für die Kleinerzeuger erschwinglich ist. Inzwischen erhält er schon Anfragen aus Angola. ■

LOW-TECH-PROJEKT IN ARBEIT

DER BIOFILTER

»Das Prinzip der Hydroponik ist einfach: Die Pflanze wächst in nährstoffhaltigem Wasser und wurzelt in einem inerten Substrat. Diese Technik hat uns fasziniert, denn sie kommt mit einem Drittel bis einem Zehntel der Wassermenge aus, die normalerweise gebraucht wird, und macht Pflanzenanbau dort möglich, wo die Erde nicht dazu geeignet ist. Sie ist daher ideal für den Anbau in der Wüste, in Städten ... oder auf einem Boot!«

Corentin

Schwierigkeit: einfach
Zeitaufwand: 3 Stunden

Für diese Low-Tech-Lösung braucht man:

Material

- 2 60-Liter-Fässer, Typ Abfalltonne (aus inertem Kunststoff, solide und haltbar)
- 10 l Tonkugeln (oder poröses Gestein)
- Stroh oder getrocknetes Gras
- organische Abfälle
- 20 bis 40 Regenwürmer
- 1 Schüssel, die ca. 15 l fasst und denselben Durchmesser hat wie die Fässer
- Pilze (Trichoderma oder Streptomyces)
- etwa 40 l Wasser
- 1 Wasserpumpe/Hebepumpe für Becken oder Aquarien für mindestens 300 l/Std. bei Höhe = 1 m
- 1 Wasserschlauch von 50 cm (Durchmesser entsprechend Pumpenausgang)

Der Biofilter basiert auf einer simplen Technik zur Erzeugung eines Düngers, der sich für den hydroponischen Pflanzenanbau eignet, d. h. für erdloses Wachstum auf begrenztem Substrat, für das sehr wenig Wasser nötig ist – ideal also für den Anbau von Obst und Gemüse dort, wo Wasser und Ackerboden knapp sind.

BIOFILTER SELBST GEMACHT

ERSTE ARBEITSSTUFE: DER WURMKOMPOST

Bohren Sie mit der Bohrmaschine 7 bis 8 kleine Löcher in den Boden eines der 60-Liter-Fässer. Füllen Sie es zunächst mit einer Schicht Tonkügelchen (oder porösem Gestein) und Stroh, dann mit organischen Abfällen und 20 bis 40 Regenwürmern, zuletzt kommt wieder eine Schicht Stroh. Behandeln Sie die Regenwürmer unbedingt wie kleine Haustiere: Verwöhnen Sie sie und geben Sie ihnen gut zu essen! Diese Ebene ist die wichtigste Schicht des Systems; dort bilden die Regenwürmer ihre Kolonie und den Kompost. Bei ihrer Verdauung entsteht eine Kompostflüssigkeit, das Perkolat. Dieses sickert schließlich stetig in die zweite Ebene: den Biofilter.

ZWEITE ARBEITSSTUFE: DER BIOFILTER

Bohren Sie mit der Bohrmaschine in die Mitte der Schüssel ein Loch vom Durchmesser Ihres Gartenschlauchs und weitere kleine Löcher in den Boden der Schüssel, sodass die Flüssigkeit von der Schüssel in die Tonne gelangen kann. Für den Filter geben Sie Tonkügelchen (oder poröses Vulkangestein) und die Pilze in die Schüssel. Hier wird die Flüssigkeit erneut verdaut, diesmal von den Pilzen und Bakterien, und läuft dann ab in eine dritte und letzte Kammer.

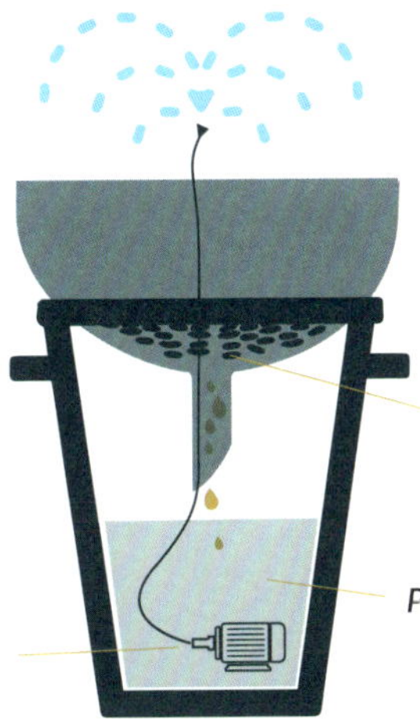

DRITTE ARBEITSSTUFE: PUMPENGEFÄSS

Füllen Sie das zweite Fass zur Hälfte mit Wasser, versenken Sie darin die kleine Pumpe und verbinden Sie sie mit dem Gartenschlauch. Führen Sie den Schlauch durch das Loch in der Schüssel und vergewissern Sie sich, dass die Pumpe dabei am Fassboden bleibt. Mithilfe der Pumpe wird die Flüssigkeit von unten durch den Biofilter geschickt; dort setzt sich der Abbau des organischen Materials fort; sie liefert somit eine mineralstoffreiche Lösung. Geben Sie abschließend den Wurmkompost auf Ihren Biofilter.

Werkzeug

- 1 Bohrmaschine
- 1 10-Liter-Eimer mit Deckel
- 1 Trichter

BIOFILTER IM EINSATZ

Füllen Sie die Abfälle von etwa 1 Woche in einen Eimer, bevor sie ins System eingebracht werden. Decken Sie sie nun mit einer circa 1 cm dicken Strohschicht ab. Damit der Abbau der Abfälle richtig ablaufen kann, müssen bestimmte Voraussetzungen erfüllt sein: ausreichend Wärme und Feuchtigkeit, ein nahezu neutraler pH-Wert (verschiedene Abfallarten einfüllen!) und gute Belüftung (jeder Abfallzugabe eine Strohschicht von circa 1 cm folgen lassen).
Das Perkolat (Kompostflüssigkeit) lässt sich leicht sammeln, wenn Sie den Inhalt des Auffangbehältnisses leeren. Füllen Sie es durch einen Trichter in eine Flasche, aber verschließen Sie sie nicht: Ohne Luft fermentiert das Material und erzeugt einen ekelerregenden Geruch.
Nach 15 Tagen Betrieb des Systems können Sie erstmals »ernten«. Verwenden Sie zum Wässern und Düngen Ihrer Pflanzen 10 ml Perkolat auf 10 l Wasser. Der Biofilter lässt sich sowohl für den gemeinschaftlichen als auch für den individuellen Bedarf verwenden. Er bietet einen goldenen Kreislauf der Nahrungskette, indem er die Wiederverwertung organischer Abfälle mit der Düngerproduktion für die Pflanzen verbindet. ■

Sie wollen mehr wissen?

Roquette
ÉPINARDS
AFRO PIXELS
VILLE EN COMMUN

5

BRASILIEN

RECIFE – RIO DE JANEIRO

BRASILIEN IST DAS GRÖSSTE LAND SÜDAMERIKAS. ES ERSTRECKT SICH VON DER ATLANTIKKÜSTE BIS ZU DEN WÄLDERN DES AMAZONASGEBIETS. ALS FÜHRENDER RINDFLEISCHPRODUZENT DER WELT IST ES MIT ZAHLREICHEN ÖKOLOGISCHEN HERAUSFORDERUNGEN KONFRONTIERT, DIE ÜBERWIEGEND MIT DER INTENSIVLANDWIRTSCHAFT VERBUNDEN SIND – ALLERDINGS AUCH MIT DER PLASTIKVERMÜLLUNG, DIE SEIT DEN OLYMPISCHEN SPIELEN 2016 IN RIO STARK IN DEN FOKUS DER MEDIEN GERÜCKT IST.

8.511.965 KM²

(20-MAL SO GROSS WIE DEUTSCHLAND)

206 MILLIONEN EINWOHNER

25 EINWOHNER/KM²

IM FOKUS

- 214 Millionen Rinder wurden 2014 in Brasilien aufgezogen, ein Rind produziert im Mittel zehn Tonnen Hinterlassenschaften jährlich.
- Zwei Rinder würden für das Kochen in einem Fünfpersonenhaushalt ausreichen, wenn ihre Ausscheidungen in Biogas umgewandelt würden.
- Seit 2012 leidet der Nordosten an einer besorgniserregenden Dürreperiode, wie es sie zuletzt 1979 bis 1983 gab.
- 2016 war der Boqueirao-Stausee, der die Stadt Campina Grande mit ihren 400.000 Einwohnern versorgt, praktisch leer.
- 60 bis 80 Prozent des Mülls in der Bucht von Guanabara bestehen aus Plastik. Sie ist als das höchstverschmutzte Ökosystem Brasiliens bekannt.

Hauptstadt: Brasilia

Bedeutende Städte:
São Paulo, Rio de Janeiro, Belo Horizonte, Porto Alegre, Salvador de Bahia, Recife, Curitiba, Fortaleza, Belém, Goiânia

Amtssprache:
Portugiesisch

500 KM

KAKA MAUMAU
LOW-TECH
KEZAKO ?
FABRICAÇÃO LOCAL
TECNOLOGIA SIMPLES, RESPONDENDO
À UMA NECESSIDADE DE BASE
BEM COMO AOS PRINCÍPIOS
DE DURABILIDADE E ACESSO
FRACO IMPACTO ECOLÓGICO
ECONÔMICO
PARA TODOS
NOMADE DES MERS
3 ANOS
AO TORNO DO MUNDO
AS LOW-TECH
Low-tech Lab Expedition
UMA EXPEDIÇÃO
QUATRO MISSÕES
1
2
3
4
VA853632

AUS CORENTINS TAGEBUCH

»ALS WIR IN RECIFE ANKAMEN, SAHEN WIR UNS EINEM URBANEN URWALD AUS HOHEN GRAUEN GEBÄUDEN GEGENÜBER. EINEN SOLCHEN ANBLICK HATTEN WIR NOCH NIE. ABER SCHLIESSLICH WURDE ES UNSER ZUGANG ZUM PARADIES DES LOW-TECH! EIN GENIALER ORT, UM SICH INSPIRIEREN ZU LASSEN.«

Recife ist mit 3,7 Millionen Einwohnern der fünftgrößte Ballungsraum in Brasilien.

Nach drei Wochen auf See erreichen wir am 19. Juli endlich Brasilien. Die Crew fühlt sich erschöpft und sehnt sich danach, etwas anderes zu essen als Hühnereier und Grünzeug mit Salat. Allerdings sind wir glücklich, »auf der anderen Seite« angekommen zu sein! Was das Ökosystem des Bootes angeht, so hat ihm die Schiffspassage auf der Südhalbkugel gutgetan. Nach und nach übernehmen die Pflanzen die Kabine, und das Außengewächshaus entwickelt sich geradezu üppig. Seit einiger Zeit halte ich alles fest. Ich notiere, wie viel Liter Wasser die Pflanzen verbrauchen, das Datum ihrer Aussaat und die Geschwindigkeit, mit der sie wachsen. Ebenso zeichne ich die Entwicklung der Würmer und unsere Stromerzeugung

»Während unserer Überfahrt hat sich so etwas wie eine Routine eingestellt. Jeden Morgen gießen wir die Pflanzen, tagsüber wechseln wir uns mit dem Werkeln an unseren Low-Tech-Einbauten, bei Wetterberichten und bei der Bordwache [...] ab. Und auch den Küchenchef wechseln wir täglich.«

Nach dieser ersten Atlantiküberfahrt macht sich die Crew auf, um Recife zu erkunden, die Beine zu bewegen und sich den Bauch vollzuschlagen!

auf. Diese große Kartei hilft mir später, jeden Punkt zu optimieren. Zudem haben wir einen Mikrocontroller auf einer Autobatterie angebracht, die wiederum von einem Solarpanel gespeist wird: Die Elektronikkomponente schickt Strom abwechselnd im Ein- bis Zweiminutentakt zur Pumpe, damit die Pflanzen Wasser bekommen, und zu den Belüftern für die Spirulina-Algen. Damit bin ich recht zufrieden. Während unserer Überfahrt hat sich so etwas wie eine Routine eingestellt. Jeden Morgen gießen wir die Pflanzen, tagsüber wechseln wir uns mit dem Werkeln an unseren Low-Tech-Einbauten, bei Wetterberichten und bei der Bordwache ab. Und auch den Küchenchef wechseln wir täglich – Pierre-Alain hat sogar Brot gebacken! Die Überfahrt gestaltet sich problemlos, bis wir den Kalmengürtel auf der Höhe des Äquators erreichen, eine nahezu windstille Zone. Folglich kommt das Boot nicht mehr voran, und wir sind gezwungen, dreimal den Äquator unter ständigem Kreuzen zu passieren! Was die Hühner angeht, sie kommen gut mit der Überfahrt zurecht, aber Doudou, der Hahn, ist ausgesprochen anstrengend. Ob bei Tag oder bei Nacht, er kräht, was das Zeug hält. Zunächst dachten wir, das sei die Zeitverschiebung, aber selbst als wir später wieder nach Osten segeln, lässt er schon um 3 Uhr früh sein durchdringendes Geschrei ertönen und wartet noch nicht einmal bis zum Tagesanbruch! In Madagaskar kommt schließlich der Befreiungsschlag. Wir bieten ihn einem französischen Züchter an. Ich habe durch diese Erfahrung die Erkenntnis gewonnen: Ein Hahn auf einem Boot ist eine ganz schlechte Idee!

Das SERTA-Team (Serviço de Tecnologia Alternativa) hat die Crew der NOMADE DES MERS mit zu ihrem Zentrum in Ibimirim genommen – fünf Fahrstunden östlich von Recife, in der Dürreregion Sertão.

EIN MODELL NACHHALTIGER LANDWIRTSCHAFT

Nun heißt es also: Auf geht's zu unserem brasilianischen Abenteuer! Wir machen in Recife, der Hauptstadt von Pernambuco im Nordosten des Landes, fest. Als Erstes machen wir uns auf zu einer kleinen Tour durch seine Gässchen. Wir möchten unsere Beine bewegen, die während der Überfahrt nicht genug zu tun hatten, und wir stürzen uns auf alles Essbare! Oft zahlen wir nach Gewicht, was das Schlemmen preiswert macht, also geben wir uns nach Herzenslust hin. Die Brasilianer offensichtlich auch, denn wir begegnen einer Menge Menschen mit Übergewicht ... Die Küche des Landes ist eindeutig nicht ideal für Vegetarier. Brasilien ist der größte Exporteur für Rindfleisch – und Soja. Dieser Erfolg ist allerdings vor allem einer Intensivlandwirtschaft geschuldet, die die kleinen Erzeuger oft ins Abseits drängt. Um ihnen dabei zu helfen, in Würde auf ihrem Land zu leben, hat eine kleine Gruppe von Idealisten – Abdalaziz de Moura, Antonio Roberto Fereira und Sebastião Alves – ein Schulungszentrum für Agroökologie eröffnet: den SERTA (Serviço de Tecnologia Alternativa), der über Räumlichkeiten in Ibimirim, im Trockengebiet von Sertão und in Glória do Goitá verfügt, circa 16 Kilometer von Recife entfernt.

Dort unten werden lebenswichtige Probleme wie Zugang zu Wasser oder Strom mithilfe von Low-Tech angegangen. Die Teilnehmer lernen über ein Jahr in einer Woche monatlich, das System der Intensivproduktion zugunsten eines nachhaltigeren landwirt-

Fernando, ein ehemaliger SERTA-Schüler, nutzt seinen Fermenter jeden Tag, um dank der Hinterlassenschaften von drei oder vier Kühen Gas herzustellen.

schaftlichen Ansatzes aufzugeben. Wir sind sehr froh darüber, diese Landversion der NOMADE DES MERS besuchen zu können, um ihren Geist in uns aufzunehmen und ein oder zwei Low-Tech-Lösungen zur Verbesserung unseres Bootes zu finden. Der Unterricht mischt Theorie und Praxis. Roberto, seit Jahren Lehrer und Gründer des SERTA, vertraut uns an, dass es für ihn genauso wichtig ist, Schlüsseltechniken an seine Schüler weiterzugeben, wie sie zum Nachdenken zu bringen, damit sie selbst Lösungen finden. »Das Erste, was wir bei SERTA lehren, ist die Neugier. Wenn ich eine Frage stelle, beantworte ich sie nicht. Die Lernenden sollen mitdenken und nachdenken. Sie müssen das, was sie im Kurs gelernt haben, nutzen, um eigene Konzepte zu formulieren.« Es ist Roberto, der uns unsere neue Lebenswelt zuweist: ein kleiner Bau, der zu 80 Prozent aus Erde besteht. Dieses Haus illustriert perfekt, was hier gelehrt wird. Es ist selbst als Mittelpunkt eines Ökosystems konzipiert, in dem jede Pflanze, jeder Baum, jedes Tier seinen Platz und seine Funktion hat. Sie erscheint ungeordnet, aber tatsächlich ist nichts dem Zufall überlassen. Einzige kleine Täuschung: Hier wohnt niemand wirklich, es ist ein Musterhaus, auch wenn wir uns mehr auf seine Nutzung als seine Vorführung konzentrieren möchten.

Bei SERTA kommen wir mit einer unglaublichen Zahl an Low-Tech-Projekten in Berührung – sogar im Garten! Solaröfen, Wasserpumpen, ein Obsttrockner und andere leicht verrückte Vorrichtungen, kurzum: ein geniales Plätzchen, das uns inspiriert.

Am SERTA-Standort von Glória da Goitá finden die Gleichgesinnten von der NOMADE DES MERS Mengen von Low-Tech-Vorrichtungen bis in den hintersten Garten!

ERZEUGUNG VON BIOGAS

Wie es sich anfühlt, mitten in der Natur nach einer ruhigen Nacht ohne Wachablösung und Wendemanöver aufwachen zu dürfen, hatten wir schon fast vergessen. Wir erholen uns von unserer Überfahrt dank kleiner Freuden, wie sich etwas zum Frühstück pflücken zu gehen – und auf einem Gasherd zu kochen, ist für uns zum Luxus geworden. Ich überlege dabei, wo das Gas herkommt. Sebastião, einer der Ausbilder und Gründer des SERTA, klärt mich über die Geheimnisse der Gasproduktion aus Kuhfladen auf. Mir wird klar, dass dies ideal für das Boot wäre. Biogas zu erzeugen, ist sehr einfach: Man mischt frische Kuhfladen und Wasser und gibt sie in eine Biogasanlage. Diese baut man einfach aus zwei Mülleimern, einigen PVC-Röhren, Silikon und den Ratschlägen von Sebastião, der erläutert, wie wichtig es ist, die Fladen täglich frisch einzusammeln, »da die Biogasanlage wie ein Darm funktioniert«. Wir sind völlig begeistert. Für einen Moment denken wir sogar, dass wir uns jetzt Kaffee an Bord der NOMADE DES MERS kochen können!

KAMPF GEGEN DEN TROCKENSTRESS

Weiter südlich, in einer Halbwüstenzone, befindet sich Fernandos Betrieb. Durch das SERTA-Programm konnte er Low-Tech-Lösungen finden, um den für die Region typischen Wassermangel zu mildern und seinen Betrieb vorwärts zu bringen. Er wurde auch zum Botschafter für SERTA, sein Hof zum Modell, das Landwirte der Gegend besuchen kommen. Dank der Ausscheidungen von drei oder vier Kühen kann er zudem jeden Tag seine Biogasanlage betreiben. Ich gestehe mir schließlich ein, dass dies auf dem Boot zu Platznöten führen könnte. Nun laden wir zur Besichtigung der NOMADE DES MERS ein. Wir zeigen nicht ohne Stolz, dass auch wir im Hinblick auf Low-Tech und Autarkie über Erfahrung verfügen. Aber natürlich bleiben wir offen für Ratschläge und so lernen wir vor allem, dass unsere Hühner Stroh brauchen,

Anlässlich des Besuchs der NOMADE DES MERS und des 27. Jahrestags der SERTA-Gründung fand im Rahmen der Mostra de Recife im Stadtzentrum eine große Ausstellung zum Thema Low-Tech statt.

damit sie ihr drittes Grundbedürfnis nach Trinken und Fressen stillen können: das Scharren.
Man empfiehlt uns auch, Wachteln an Bord zu nehmen, da sie weniger Futter und Platz bräuchten und ihre Eier nahrhafter seien. Wir nehmen also sechs auf, die sich zu ihren Cousinen im Käfig gesellen. Allerdings ist das Ergebnis nicht wirklich überzeugend. Die Wachteln brauchen Spezialfutter, während die Hühner sich mit unseren Abfällen begnügen, und überdies ... riechen sie wirklich übel, legen nicht so gut und machen im Gegensatz zu unseren sehr kommunikativen Hühnern noch nicht einmal Krach.

AUF DEM WEG NACH RIO!

Wir brechen am 6. August in Begleitung von drei SERTA-Studenten auf – die Ärmsten sind nicht seefest, aber gute Fischer! Auf unserer Fahrt erfreuen wir uns an Massen von Walen und idealen Segelbedingungen. Das wird eine meiner Lieblingstouren bleiben. Die Entschlossenheit von SERTA, Low-Tech bekannt zu machen, hat mich sehr beeindruckt, denn das Problem des Low-Tech ist oft die mangelnde Öffentlichkeit. Überall auf der Welt haben Erfinder geniale Ideen, die jedoch unbekannt bleiben. Einen Verbreitungsvektor für solche Neuerungen zu schaffen, wie das heute SERTA tut, würde diesen Ideen tatsächlich ermöglichen, sich weiterzuentwickeln. Überdies hatte ich bei der ganzen Schule den Eindruck, einen großen Bruder der NOMADE DES MERS gefunden zu haben. Diese Erfahrung hat uns dazu motiviert, überall kleine Low-Tech-Labore zu schaffen, um beständig mit diesen Gebieten verbunden zu bleiben und von allen die Beschränkungen, Bedürfnisse und Chancen auf lokaler Ebene zu kennen. Unser Besuch in Recife hat bei mir Überlegungen zu möglichen Synergien zwischen verschiedenen Low-Tech-Lösungen in Gang gesetzt. So beginne ich darüber nachzudenken, wie sich Low-Tech-Konzepte z. B. in der Permakultur, bei der die natürlichen Wechselwirkungen zwischen Pflanzen genutzt werden, gegenseitig ergänzen können. ■

BEGEGNUNG MIT **SEBASTIÃO ALVES**

DIE TECHNOLOGIEN DER SEELE

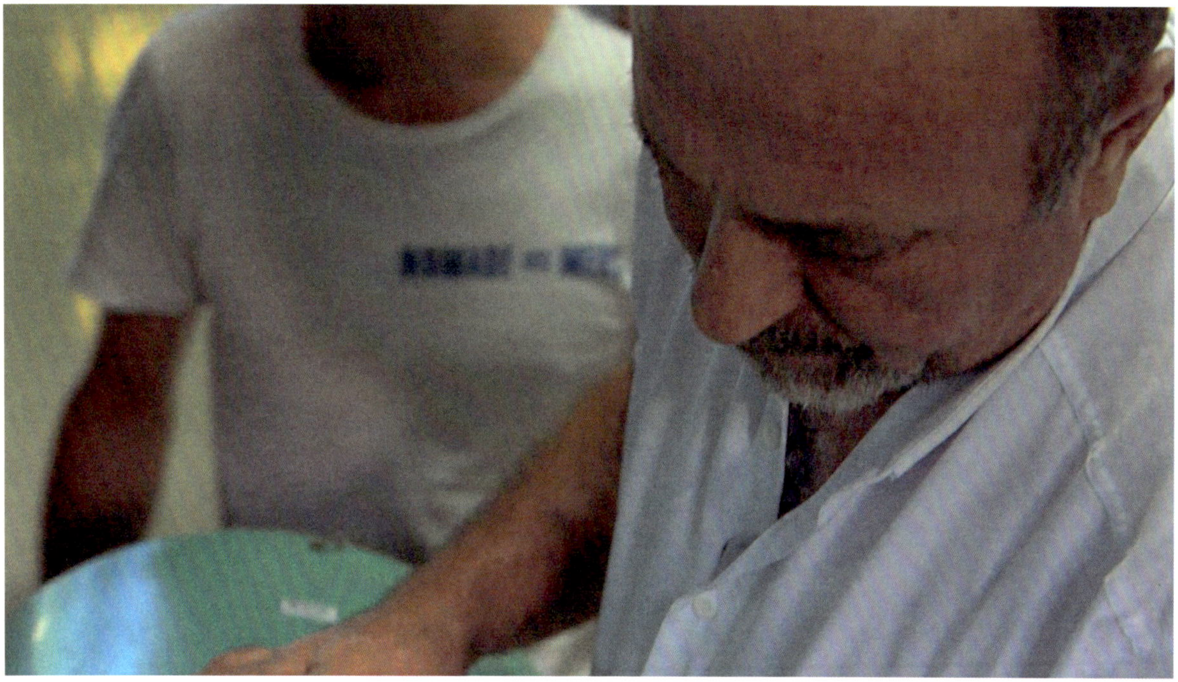

Sebastião ist Mitbegründer von SERTA, einer Low-Tech-Schule, die sich ganz und gar der Agroökologie widmet. Außerdem ist er Direktor des SERTA-Zentrums in Ibimirim, in dem die NOMADE DES MERS zu Gast war. »Sebastião, das ist Coco, nur 40 Jahre älter!«, lächelt Clément, der Mitglied der Mannschaft des Low-tech Lab ist und drei Wochen in seiner Gesellschaft im SERTA-Zentrum von Ibimirim verbracht hat. Er spricht begeistert von Sebastião: »Diese Begegnung hat mich geprägt. Er hat mich unter seine Fittiche genommen und mir viel beigebracht«. Ein Hammertyp mit stahlblauen Augen und einem Herzen aus Gold. Für Clément ist Sebastião ein Autodidakt, der Erfindungen sammelt und es dank seiner Erfahrung und einer großen Dosis gesunden Menschenverstands immer schafft, ohne Berechnungen geniale Systeme zu entwickeln. Auf diese Weise hat er in Ibimirim, einer von Dürre betroffenen Region, »der Wüste das Leben wiedergegeben«, indem er mittels Permakultur eine Art essbaren Wald aufgebaut hat. »Er hat auch eine Low-Tech-Lösung zur Erhitzung von Wasser durch Solarenergie entwickelt. Um dem Lauf der Sonne folgen zu können, sind die Sensoren dabei auf Fahrradrädern angebracht!«, staunt Clément wieder. »Tião« wurde 1962 im Bundesstaat Rio Grande do Norte im Nordosten Brasiliens geboren und wuchs in der semiariden Region von Paraíba, etwa 300 Kilometer von der Küste, nördlich vom Bundesstaat Pernambuco und seiner Hauptstadt Recife auf. Als Bauernsohn waren ihm die Konsequenzen der Trockenheit stets bewusst: »2 Millionen Menschen haben ihr Leben aufgrund der Trocken-

DIE PERMAKULTUR besteht darin, ein landwirtschaftliches Modell zu gestalten, das natürliche Ökosysteme nachempfindet. Hierbei interagieren die verschiedenen vorhandenen Elemente miteinander und benötigen keine zusätzlichen Ressourcen. Es handelt sich vorrangig um eine Landwirtschaft der Fotosynthese, wobei die Sonnenenergie bestens ausgenutzt wird und man zwei oder drei sich ergänzende Vegetationsebenen anlegt, die sich gegenseitig liefern, was sie zum Gedeihen brauchen.

Pierre-Alain, Corentin und Sebastião (von links) arbeiten an der Herstellung eines Fermenters.

heit verloren, die von 1979 bis 1984 wütete (die schlimmste des Jahrhunderts) – oder vielmehr durch das Unvermögen staatlicher Stellen, die Menschen mit den Hilfsmitteln zu versorgen, die für das Überleben in Dürrezeiten nötig sind!«, meint er und fährt fort: »Auch wenn eine Dürre einsetzt, fällt ab und zu Regen, wenn auch minimal. Man muss den Leuten beibringen, das Regenwasser aufzufangen, den Tau und die Bodenfeuchtigkeit zu nutzen …« Sebastião wurde nach einer dreijährigen Landwirtschaftslehre von Bischof Dom Hélder Câmara, der sich hartnäckig gegen die bestehende Militärdiktatur einsetzte, Anfang der 80er-Jahre für die linke Bewegung Landpastorale CPT rekrutiert. Diese politische katholische Gruppierung gründet sich auf drei Säulen: Unterstützung der Menschen, Sicherstellen ihrer »politischen Bildung« und Versorgung mit den Mitteln, mit denen sie die Verwaltung ihrer Ressourcen optimieren können. In diesem Geist des Widerstands gründete Tião schließlich 1989 mit zwei seiner Gleichgesinnten SERTA. »Die Technologien, die wir bei SERTA entwickeln, haben Seele, da sie auf dem Verstehen der Umwelt beruhen, und wir profitieren von allem, was die Natur uns bietet. Wir müssen uns mobilisieren, um die Welt wissen zu lassen, dass es möglich ist, mit viel simpleren Technologien zu leben als den modernen, denn Low-Tech-Lösungen sind in der Lage, das Leben der Menschen zu verändern. Wir versuchen nicht, das Klima zu verändern, sondern vielmehr das Verhalten der Menschen in diesem Zusammenhang«, so Sebastião. Dank der unter der Präsidentschaft von Lula vergebenen Stipendien nimmt SERTA inzwischen jährlich 400 Schüler auf und hat eine Partnerschaft mit einer französischen Universität aufgebaut, in deren Rahmen auch Praktikanten aus Frankreich aufgenommen werden. Sebastião freut sich immer noch über die Fahrt der NOMADE DES MERS, die ihm insbesondere erlaubt hat, Kenntnisse mit »seinen afrikanischen Brüdern« zu teilen, gegenüber denen Brasilien, so sagt er, »eine enorme historische Schuld trägt«. Hier bezieht er sich auf die Millionen von Nachkommen afrikanischer Sklaven in Brasilien, die am Aufbau des Landes beteiligt waren. ■

ZUM PRINZIP EINER LOW-TECH-LÖSUNG

DIE FERMENTATION

»Man erhält eine schematische Vorstellung von der Funktion eines sogenannten Fermenters, wenn man ihn mit dem menschlichen Verdauungssystem vergleicht: Zum Essen braucht dieser einen Mund, das Substratreservoir, und zum Verdauen einen Bereich zur Umwandlung der Nahrung, den Fermenter. Auch einen Anus besitzt er, das Gärrestlager, um Material auszuscheiden, nachdem ein Höchstmaß an Energie daraus gewonnen wurde. Um das Gas zu gewinnen, das für uns von Interesse ist, machen wir in Höhe des Fermentermagens ein Loch – dies ist beim Menschen selbstredend keine geeignete Technik.«

Corentin

WAS IST FERMENTATION?

Die Fermentationstechnik macht die Umwandlung organischer Abfälle in brennbares Gas möglich. Mit dem Gas kann man dann kochen und mit den Rückständen düngen. Große Anlagen werden hauptsächlich mit Tierdung betrieben, aber es lassen sich auch Reste aus der Küche, Schalen usw. verwenden. Für eine optimale Funktion des Fermenters muss jede Beschickung mit Abfällen mit demselben Volumen an Wasser vermischt werden, damit eine halbflüssige Masse entsteht. Biogas, das aus verschiedenen Gasarten – überwiegend aus Methan – besteht, ist geruchlos, farblos und geschmacklos.

WIE FUNKTIONIERT DAS?

Der Fermenter – Im Boden nimmt das größte Loch den Fermenter (Magen) auf; in seinem Inneren geht der mikrobielle Abbau vonstatten. Es sind tatsächlich die im Dung natürlich vorkommenden Mikroorganismen (Bakterien), die das Biogas (Biomethan) erzeugen. Damit Biomethan entstehen kann, muss dem organischen Material Sauerstoff entzogen werden. Aus diesem Grund muss das Loch abgedichtet und das Material mit Wasser bedeckt werden, bevor es in den Fermenter gefüllt wird. Die Bakterien, auch Methanbildner genannt, können sich nur unter Ausschluss von Sauerstoff, d. h. in anaerobem Milieu, entwickeln. Zudem darf die Anlage nicht im Schatten stehen, denn Wärme ist ein wichtiger Faktor für die Produktion von Biogas, da sie die Verdauungsleistung der Bakterien begünstigt.

Substratreservoir und Gärrestlager – Beide werden in den Boden gegraben. Das Substratreservoir entspricht dem Systemeingang, dem Mund, während das Gärrestlager das andere Ende darstellt, den Ausgangskanal. Die beiden Reservoirs werden mit Rinnen verbunden, bei denen ein Gefälle zu berücksichtigen ist, damit die jeweilige Masse besser fließen kann. Sowie neues Material dem System zugeführt wird, verlässt es dasselbe Volumen an Gärgut (natürlicher Dünger) am anderen Ende.

Die Gasstrecke – Beim Durchlaufen des Fermenters entstehen aus Dung oder organischen Abfällen drei Fraktionen: die Gasfraktion (also Biogas), eine flüssige und eine feste Fraktion. Die beiden Letzteren können als Dünger für die Landwirtschaft genutzt werden, mit dem Biogas selbst lässt sich das bisherige Kochgas ersetzen.

Damit das im Fermenter erzeugte Biogas bis zum Gasherd gelangt, muss es unter Druck stehen. Daher wird über das Hauptloch eine Glocke gestülpt und mit

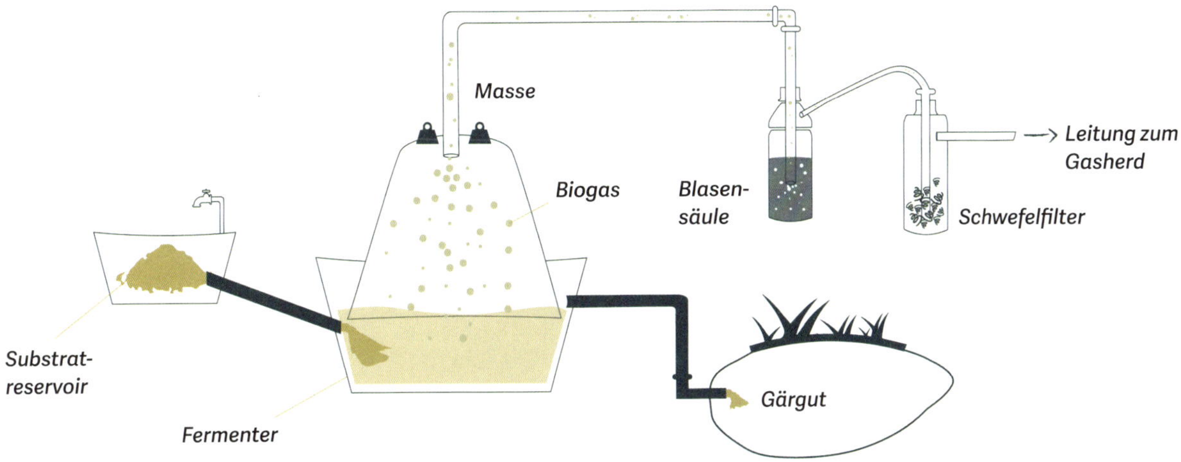

einem kleinen, mit Erde gefüllten Ring beschwert. Diese steigt nun oder senkt sich je nach Menge des Gases im Fermenter, sodass das Gas einem konstanten Druck ausgesetzt bleibt.
Auch am Fermenterausgang muss das Biogas behandelt werden, um das Biomethan von anderen Komponenten zu trennen (hauptsächlich Kohlendioxid, Schwefelwasserstoff und Wasserdampf). Auf der Strecke des Zufuhrschlauchs vom Fermenter zum Gasherd installiert man daher eine Blasensäule, durch die das Kohlendioxid, das anders als Methan hochlöslich ist, zurückgehalten wird, und einen Filter aus Stahlwolle, um den Schwefelwasserstoff zurückzuhalten. Und schließlich werden die Dämpfe durch einen Abfluss am niedrigsten Punkt der Zufuhrleitung gesammelt, ohne dass sie die Zufuhr behindern.

Verbindung von Leitung und Gasherd – Sobald die verschiedenen Komponenten installiert sind, wird die Zufuhrleitung mit dem Gasofen verbunden. Aus Sicherheitsgründen muss überall, wo es zu einem Flammenrückschlag kommen könnte, unbedingt ein Knäuel sehr feiner Stahl- oder Kupferwolle als Sperre in die Gasstrecke eingesetzt werden. ■

AUS CORENTINS TAGEBUCH

»RIO IST DER LETZTE ETAPPENSTOPP FÜR ÉLAINE UND PIERRE-ALAIN. HIER KOMMEN NUN LOUIS-MARIE, DER MIT DER ORGANISATION DER WEITEREN EXPEDITION BETRAUT IST, DIE ÖKOLOGIN ELINA, DIE DEN EINFLUSS MENSCHLICHER AKTIVITÄT AUF DIE UMWELT ANALYSIERT, UND DER SKIPPER CLÉMENT AN BORD.«

Die NOMADE DES MERS legt in Niterói an, einer Stadt am Ostufer der Bucht von Guanabara, die mit Rio de Janeiro durch eine Brücke verbunden ist.

Wir verlassen Recife, fahren entlang der brasilianischen Küste und erreichen die Bucht von Guanabara. Über sie spannt sich eine Brücke, die Rio de Janeiro mit der Stadt Niterói am Ostufer verbindet. Dort legen wir an. Die Form der Bucht von Rio begünstigt eine ungeheure Verschmutzung. Man könnte sie mit einem Becken vergleichen, das sich durch einen engen Flaschenhals ins Meer entleert. Wie Élaine sagt, sollten wir auch über Lösungen für uns selbst nachdenken, denn die Abfalentsorgung auf der NOMADE DES MERS ist ein ernstes Problem. Und allmählich geht mir das auf die Nerven: Auf einem Boot ist es eben anders als an Land! Es wird immer schwerer, den Müll zu verstauen, nach und nach nimmt er den ganzen Platz in Anspruch. Unser Auftrag für diese Etappe lautet also: mehr über die Welt der Abfälle erfahren und herausfinden, ob es Low-Tech-Lösungen für dieses Problem gibt.

Mehr und mehr Brasilianer machen sich auf, um die Strände des Landes zu säubern. Hier z. B. säubern Freiwillige jede Woche den Strand von Charitas von allem, was hier entsorgt wurde.

»Je weiter die Verschmutzung zunimmt, desto mehr Brasilianer gibt es, die aufstehen und sich für die Verbesserung der Situation an den Stränden einsetzen.«

FÜR DIE UMWELT SENSIBILISIEREN

Wir treffen uns zum ersten Mal mit Alex Grael, dem Gründer eines Projekts, das Jugendliche aus Armenvierteln für Umweltthemen sensibilisieren will und dazu ein schulisches Integrationsprogramm rund um den Wassersport nutzt. Die Organisation Grael wird uns für die Zeit unserer Studien beherbergen. »Hier lernen die Kinder ein Handwerk. Und sie lernen, die Bucht von Guanabara zu achten. Wir verwenden Boote als erzieherisches Element, denn damit schaffen wir eine direkte Verbindung zur Umwelt«, erklärt Alex, ein Pionier im Kampf für den Umweltschutz der Bucht.

PLASTIK WIEDERVERWERTEN

Je weiter die Verschmutzung zunimmt, desto mehr Brasilianer gibt es, die aufstehen und sich für die Verbesserung der Situation an den Stränden einsetzen. Jede Woche säubern z. B. zahlreiche Freiwillige den Strand in der Nähre von Charitas von allem, was dort hinterlassen wurde. Es stimmt, dass Erziehung und Einsammeln im Kampf gegen die Verschmutzung unerlässlich sind, aber was die Wiederverwertung angeht, habe ich etwas in Aussicht. Nicht weit von der Copacabana und dem Strand von Ipanema hat sich der Designer Bruno Temer eine originelle Recyclingmaschine ausgedacht. Das Ding ist mobil und gibt Brasilianern die Möglichkeit, auf der Straße Plastik, das ihnen im Weg ist, zu zermahlen und zu schmelzen. Sie können es in Figürchen umformen und ihm so ein zweites Leben geben. Dazu hat ihn das Open-Source-Projekt Precious Plastic inspiriert, das Machern wie Bruno weltweit seine Pläne zur Verfügung stellt. »Ich bin kein Experte auf Industrieniveau! Aber dank dieser Maschine ist es uns gelungen, Plastik zu recyceln. Es ist technisch also möglich. Diese Lösung führt vor allem zur Sensibilisierung, denn ihre Anwendung ist auf den kleinen Maßstab begrenzt. Ich

Die Crew trifft Bruno Temer, einen Designer, der eine originelle Recyclingmaschine erfunden hat: Mit ihr lässt sich Plastik schmelzen, sodass es umgeformt werden kann und einen neuen Zweck erfüllt.

glaube nicht, dass ich das Problem der Millionen Tonnen Plastik im Ozean lösen kann. Es bräuchte Millionen Maschinen und viele Menschen, die sie bedienen ... Aber es ist interessant, zeigen zu können, dass es funktioniert und nicht kompliziert ist«, fährt Bruno fort. Und er hat recht. Als Schlüsselerkenntnis ergibt sich, dass nichts als Abfall anzusehen ist. Kunststoff, der sinnvoll (wieder-) verwendet wird, kann ein geniales Material sein. Man muss sich vorstellen, wie jedem Gegenstand, der seine Funktion nicht mehr erfüllt, neues Leben eingehaucht wird. System »Trick 17«, hier nennt man das *la gambiera*. Mit Clément, unserem neuen Skipper, fühlen wir uns dazu animiert, mit der Wiederverwertung zu experimentieren. Wir möchten unsere alten Waschmittelflaschen in Rotorblätter für Windräder verwandeln! Also fabrizieren wir mit den Materialien, die wir mal hier, mal da besorgen konnten, einen Plastikhacker für die Flaschen, einen Ofen, um sie zu schmelzen, und eine Gussform, um ihnen eine neue Gestalt zu geben. Aber an der Verschmutzung der Bucht von Guanabara trägt Plastik nicht die alleinige Schuld. Hier muss der Anschluss an die Abwasserkanäle bezahlt werden, also leiten die Anwohner ihr Brauchwasser direkt in die Bucht. Resultat: Nur die Hälfte der Abwässer durchläuft eine Aufbereitung, bevor sie im Ozean landen.

Ich glaube, wenn ich ein Fisch wäre, dann hätte ich mich schon lang davongemacht. Aufgrund der Verschmutzung sind die Fischer gezwungen, in der Hoffnung auf gesunde Fische weit über die Bucht hinauszufahren.

LIEBER INSEKTEN ALS MUSCHELN

Was mich betrifft: Muscheln aus Guanabara kommen nicht infrage. Ich ziehe die Insekten, die wir an Bord züchten, bei Weitem vor! Sicher, die lassen sich weniger gut mit Pommes kombinieren, aber zumindest weiß man, was drin ist. In dem Zusammenhang mache ich mich zügig nach São Paulo zu Casé Oliveira auf, der den brasilianischen Verband der Insektenzüchter gegründet hat. Seine Insektenzucht ist wirklich beeindruckend. Auf etwa 100 Quadratmeter Fläche befinden sich mehrere Hundert

Für Corentin stellt sich die Frage nicht, ob er die Muscheln der Guanabara-Bucht isst: Sie ist verschmutzt durch die Abwässer, die hier unaufbereitet eingeleitet werden.

durchgeschnittene Flaschen sorgfältig aufgereiht wie Bücher in einer Bibliothek. Sie enthalten Mehlwürmer, also die Larven der Mehlkäfer, und auch einige Grillen, deren Aufzucht nicht viel Arbeit macht. Ich beschließe daher, es mit den Grillen zu versuche. Im Gegensatz zu den Mehlkäfern muss man bei diesen nicht jeden Tag die Larven und Puppen herausklauben, damit sie nicht von den adulten Käfern gefressen werden.

NAHRUNGSMITTEL KONSERVIEREN

In Rio empfängt die NOMADE DES MERS auch ganz besondere Gäste: das Team von Pimp My Fridge! mit Laurie, Julie, Annie, Antoine, Florian und Max. Sie haben 2016 den Hackathon gewonnen, einen Wettbewerb, der von Leroy Merlin und dem Low-tech Lab mitorganisiert worden war. Dank eines ersten Prototyps des multimodularen Low-Tech-Systems zur Haltbarmachung von Nahrungsmitteln hatten sie eine Reise nach Rio gewonnen, um ihr System auf dem Boot zu installieren. Dieses Low-Tech-Projekt interessiert uns, da weltweit 45 Prozent der

»Als Schlüsselerkenntnis ergibt sich, dass nichts als Abfall anzusehen ist. Kunststoff, der sinnvoll (wieder-) verwendet wird, kann ein geniales Material sein. Man muss sich vorstellen, wie jedem Gegenstand, der seine Funktion nicht mehr erfüllt, neues Leben eingehaucht wird.«

Fischerboote in der Bucht von Guanabara.

produzierten Früchte und Gemüse verderben. Eine der Konservierungstechniken besteht darin, dem Nahrungsmittel Wasser zu entziehen. Ist es erst getrocknet, interessiert es Bakterien, Pilze und andere Mikroorganismen nicht mehr. Dazu sind zwei Verfahren bekannt:

– *Die Lyophilisation:* Nahrungsmittel werden zwischen –40 und –80 °C tiefgefroren, um das enthaltene Wasser in Eis umzuwandeln. Dieses Eis wird bei niedriger Temperatur unmittelbar in seinen Gaszustand überführt (»Sublimation«). Das Nahrungsmittel wird trocken und porös wie ein Schwamm, hält sich lange Zeit und kann durch Zugabe von Wasser schnell rehydriert werden. Aber dieses Verfahren lässt sich in unserer Low-Tech-Welt nur schwer umsetzen.

– *Die Trocknung:* Bei diesem seit eh und je verwendeten Verfahren wird das Nahrungsmittel bei 35 bis 65 °C getrocknet, wobei der Großteil des enthaltenen Wassers entzogen, jedoch die höchstmögliche Menge an Nährstoffen beibehalten wird. Unser Trockner besteht aus zwei Kammern. Die erste besitzt Scheiben und wird

»Wir haben dieses Mal keine Low-Tech-Wunder gefunden, aber wir beginnen das Ausmaß der globalen Herausforderung zu verstehen, die die Abfallbewältigung darstellt.«

der Sonne ausgesetzt, wodurch sich die Luft erwärmt. Diese Luft tritt dann in eine zweite Kammer über, in der die Obst- und Gemüsescheiben auf Gittern ausgebreitet sind, und wird dann durch eine Öffnung abgeleitet. Am Ende der Woche findet der Prototyp der multimodularen Konservierung nach Pimp My Fridge! seinen Platz an Bord der NOMADE DES MERS. Es handelt sich um vier Kisten, von denen jede ihre besondere Funktion hat. Die erste, dunkel und feucht, dient zur Lagerung von grünem Gemüse (Paprika, Zucchini, Kräutern) und Tomaten. Die zweite ist speziell für Äpfel, die für eine zu schnelle Reifung anderer Früchte und Gemüse verantwortlich sind. In der dritten Kiste lassen sich dunkel und trocken Zitrusfrüchte, Karotten, Kartoffeln und Zwiebeln konservieren. Und die letzte schließlich hat zwei Funktionen: die der Speisekammer und die des Trockners.

KURS AUF SÜDAFRIKA

Wir verlassen Brasilien mit der Erinnerung an schöne Begegnungen: Bruno, Alex und die Kinder – sie alle setzen eine Idee in die Praxis um, die ihre Umwelt mit wenigen Mitteln und viel Erfindungsgeist ein wenig verbessern soll.

Wir haben dieses Mal keine Low-Tech-Wunder gefunden, aber wir beginnen, das Ausmaß der globalen Herausforderung zu verstehen, die die Abfallbewältigung darstellt. Die gute Nachricht ist, dass von der Industrie bis zum Verbraucher jedes Glied der Kette die Macht dazu hat, etwas zu verändern.

Nun setzen wir Kurs auf den Süden Afrikas, Richtung Madagaskar – vor uns liegen gut vier Wochen Überfahrt, und ich hoffe, sie wird nicht allzu bewegt. ■

BEGEGNUNG MIT **BRUNO TEMER**

DER WERT VON KUNSTSTOFF

Der Designer Bruno Temer steckt hinter einer frei zugänglichen Onlinebibliothek, der Materia Brasil. Dort können Designer, wenn sie wollen, ihre Materialien mit der Vorgabe wählen, dass sie wiederverwertbar sind.

»Ich habe denselben Familiennamen wie der aktuelle Präsident. Das bereitet mir Kopfschmerzen!«, lacht Bruno. Der 35-jährige Brasilianer ist in Rio geboren und aufgewachsen. Er hat seine Designfirma Fibra Design 2005 gegründet. Im Jahr danach wurde er das erste Mal Vater. »Mir wurde klar, dass ich aufhören musste, Produkte anzubieten, die für unsere Kinder nicht von Nutzen waren.« Die Vaterschaft hat ihn dazu veranlasst, Kreislaufwirtschaft zu praktizieren. »Wir verwendeten schon Materialien natürlichen und biologischen Ursprungs, aber wir interessierten uns nicht wirklich für ihre Herkunft. Wenn wir z. B. Bambus verwendeten, wussten wir nicht, ob er aus Südamerika oder Asien stammte – jedenfalls war er nicht aus Rio. Wir begannen dann, uns zu fragen, was wir lokal beziehen konnten.«

Ziel seiner Firma ist es nun, Lösungen zu entwickeln, um Unternehmen nachhaltige Materialien empfehlen zu können, ob sie nun Schuhe oder Flugzeugsitze produzieren. Er wünschte sich, dass letztlich ein »Facebook für Hersteller« entsteht, ein Netzwerk, in dem man sich austauschen kann über das, was man bei der Verwendung von diesem oder jenem Material gelernt hat.

2016 dann, während der Olympischen Spiele in Rio, zog der WWF Brunos Gesellschaft, die nun zur Materia Brasil geworden war, hinzu, um Antworten für das Problem der Abfallbewältigung in der Bucht zu finden. »Es mussten Wiederverwertungsaktionen gestartet werden. Speziell

DIE KUNSTSTOFFPRODUKTION übersteigt weltweit 320 Millionen Tonnen pro Jahr. Wie in Brasilien sammeln sich in mehreren Regionen der Ozeane bestimmte Tüten, Flaschen, Verpackungen und Mikropartikel als gigantische Müllstrudel, die durch Meeresströmungen entstehen. Nach einer Studie der Organisation The Ocean Cleanup bedeckt dieser »siebte Kontinent« aus Plastik 1,4 Millionen Quadratkilometer des Pazifiks – auf halbem Weg zwischen Hawaii und Kalifornien. Wenn dieser schwimmende Abfall eingesammelt würde, ergäbe dies eine Masse von 80.000 Tonnen. The Ocean Cleanup plant, in Kürze riesige Schwimmfallen zu installieren, um den Plastikmüll aus dem Pazifik zu fischen.

Bruno Temer erklärt Corentin und Élaine, dass seine Maschine in erster Linie die Bevölkerung für den potenziellen Wert von bereits gebrauchtem Kunststoff sensibilisieren soll.

weil Rio ein echtes Problem mit den Abfällen an den Stränden und in den Flüssen hatte: Sie mussten verschwinden und, wenn möglich, recycelt werden. Und man musste den Einwohnern von Rio zeigen, dass das cool sein konnte!«

Bruno verwendete schon eine mobile Maschine zur Wiederverwertung von Plastik, deren Pläne als Open Source auf der internationalen Plattform Precious Plastic eingestellt worden waren, für die er heute als Mittler tätig ist. »Das war die Lösung, die wir dem WWF vorgeschlagen haben: In Rio könnte man die Plastikabfälle sammeln, sie zu Figürchen umwandeln und diese als Souvenirs an Touristen verkaufen. Wir brauchten eine simple, preisgünstige Lösung und eine, die man an einen Motorroller hängen kann, um sie den Leuten auf der Straße vorführen zu können.« Da Bruno die Idee verbreiten wollte, dass Plastik einen Wert hat, startete er tatsächlich mit dem WWF das Projekt Remolda unter dem Motto »Plastik ist Gold wert!«. In Brasilien werden – nach offiziellen Angaben – 40 Prozent der Plastikmenge recycelt, wovon PET-Flaschen (Polyethylenterephthalat) 90 Prozent ausmachen. Die übrigen 60 Prozent bleiben völlig ungenutzt. Nun ist es Brunos Ziel, zu zeigen, dass eine Verwertung dieser Menge möglich ist, indem man sie in Figürchen, in Büroartikel oder sogar in Bausteine für Kinderspielzeug verwandelt. Er hatte also nie die Absicht, Plastikflaschen zu recyceln, denn die sind ja schon recycelt. Seine Begegnung mit der NOMADE DES MERS war entscheidend, sagt Bruno: »Die Verantwortung, die Corentin auf sich genommen hat, ist groß, aber sie zeigt der Welt, dass Wandel möglich ist. Das gibt mir viel Energie weiterzumachen und auch ein wenig mehr Mut!«. ■

LOW-TECH-PROJEKT IN ARBEIT

DER FLASCHENSCHNEIDER

»Dieses Low-Tech-Projekt ist unglaublich einfach! Es kann überall auf der Welt verwendet werden und verleiht einem Material, das heute vergeudet wird, einen neuen Wert. Ich empfehle es nachdrücklich, besonders in Regionen, in denen Flaschen nicht recycelt werden.«
Corentin

Schwierigkeit: einfach
Zeitaufwand: 20 Minuten

Für diese Low-Tech-Lösung braucht man:

Material
- 1 Stück Holz (22 x 2 x 2 cm)
- 1 Klinge eines Cutters oder eines Bleistiftspitzers
- 2 Unterlegscheiben
- 2 Schrauben
- 1 Plastikflasche

Plastikflasche
- 1 Säge
- 1 Bleistift
- 1 Drillbohrer oder 1 Bohrmaschine (Aufsatzdurchmesser etwas kleiner als die Schrauben)
- 1 Schraubendreher
- 1 Schere

Mit diesem Flaschenschneider lässt sich aus alten Plastikflaschen eine Schnur bzw. ein Band erzeugen, aus dem man Gegenstände oder feste Verbindungen herstellen kann.

FLASCHENSCHNEIDER SELBST GEMACHT

ERSTE ABEITSSTUFE: VORBEREITUNG DES HOLZSTÜCKS

Sägen Sie zunächst einen Längsschlitz in das Holz (1): Ziehen Sie dazu von einem Ende des Holzstücks mittig eine Linie von circa 6 cm Länge. Sägen Sie das Holz entlang dieser Linie durch. Verfahren Sie genauso mit dem Querschlitz (2): Ziehen Sie eine Querlinie über die Breite des Holzstücks, die senkrecht zum Längsschlitz (1) verläuft, den Sie zuvor gesägt haben. Um die Position von Schlitz 2 im Verhältnis zu Schlitz 1 festzulegen, müssen Sie entscheiden, wie breit die Plastikschnur werden soll. Wenn Sie z. B. eine Schnur von 4 mm Breite brauchen, ziehen Sie die Linie für den Querschlitz 4 mm über dem Ende vom Längsschlitz. Falls Sie eine breitere Schnur wünschen, ziehen Sie die Linie für den Querschlitz entsprechend weiter oberhalb des Endes vom Längsschlitz. Ist die Position für den Querschlitz festgelegt, sägen Sie das Holz entlang dieser Querlinie 1 cm tief ein. Achtung: Der Schlitz darf weniger tief sein, als die Klinge Ihres Cutters oder Bleistiftspitzers hoch ist, damit die Klinge noch aus dem Holz herausschaut.

ZWEITE ARBEITSSTUFE: EINFÜGEN DER KLINGE

Führen Sie die Klinge in Schlitz 2 ein, mit ihrem Rücken nach außen. Legen Sie die Unterlegscheiben so auf das Holzstück, dass sie die Klinge fixieren, ohne dass Schlitz 1 blockiert wird. Markieren Sie das Holz durch die Mittellöcher der Unterlegscheiben, nehmen Sie diese weg und bohren Sie dort Löcher für die Schrauben vor. Legen Sie die Scheiben wieder auf und drehen Sie die Schrauben ein, um die Unterlegscheiben zu fixieren.

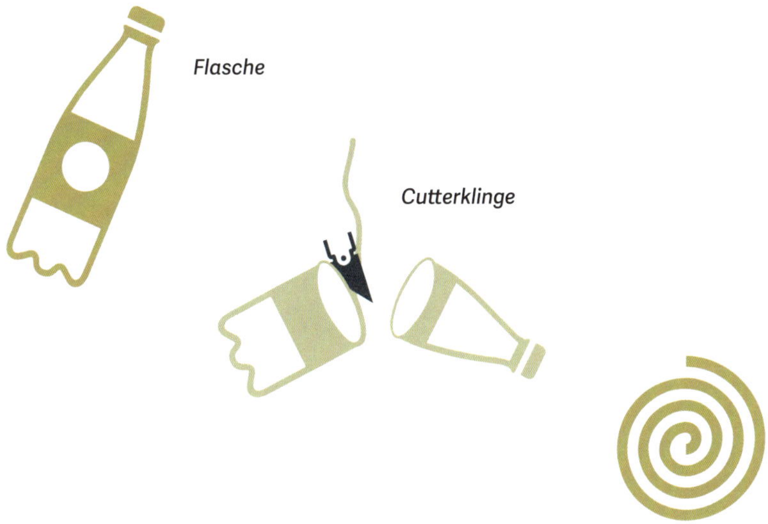

DRITTE ARBEITSSTUFE: HERSTELLUNG VON PLASTIKBAND

Ihr Flaschenschneider ist fertig. Nun muss nur noch die Flasche vorbereitet und »abgespult« werden. Schneiden Sie den Boden der Flasche sauber und gerade ab. Schneiden Sie die Flasche mit der Schere etwas schräg ein, sodass eine Anfangslasche, eine Art Zunge entsteht. Führen Sie diese zwischen der Cutterklinge und dem Ende von Schlitz 1 ein. Fassen Sie die Zunge auf der anderen Seite des Schlitzes und ziehen Sie daran. Beim Ziehen beginnt sich nun eine Schnur/ein Band abzuspulen.

PLASTIKSCHNUR IM EINSATZ

Je nach Dicke und Art des verwendeten Kunststoffs ist die so aus Plastikflaschen erzeugte Schnur mehr oder weniger belastbar. Sie besitzt zwei große Vorteile: Sie ist wärmeschrumpfend (bei Erhitzung zieht sie sich zusammen) und im Freien alterungsbeständig. Sie lässt sich daher für Gitter und zum Aufhängen von Gegenständen nutzen. Man kann sie auch verweben. Im Hinblick auf ihre Festigkeit sollte man unbedingt beachten, dass dieses Band ja keiner Norm entspricht und daher nicht als Halte- oder Sicherungsvorrichtung für Menschen verwendet werden darf. Durch ihr flaches Profil ähnelt die Plastikschnur eher einem Band als einer Schnur. Wie mit anderen Bändern auch, sind mit diesem Material nicht alle Knoten möglich. Manche sind besser geeignet als andere: Bandknoten, um einen Ring zu schließen z. B., oder um zwei Drähte zusammenzufügen, für Überhandknoten oder Doppelachtknoten, um eine Schlinge an einem Ende zu bilden. ■

Sie wollen mehr wissen?

DIE GROSSE SÜDATLANTIKÜBERQUERUNG

Von den sechs Wochen dieser Passage ab Brasilien bleiben mir vor allem die Bilder von drei Sturmtagen im Gedächtnis, die wir überstehen mussten: Wellentäler von sechs Metern und Windstärken von 50 Knoten haben das fragile Ökosystem des Bootes zugrunde gerichtet.
Die Schäden sind erheblich. Das Außengewächshaus wurde hinweggefegt, die Hydroponikanlage zertrümmert. Crew und Hühner behalten dies in heikler Erinnerung.
Elina, unsere Agronomin, Hugo, Clément und ich erleben diese Erfahrung wie eine ordentliche Lektion. Bisher ist uns das Glück hold gewesen, aber der Sturm hat uns daran erinnert, dass es im Verlauf einer Expedition jederzeit zu Unvorhergesehenem kommen kann.
Glücklicherweise arbeiten wir auf dem Boot mit Low-Tech-Systemen, die sich auch dadurch auszeichnen, dass sie einfach wiederherzustellen sind.

AUFENTHALT AUF TRISTAN DA CUNHA

Um mitten in dieser großen Überfahrt neue Energie zu tanken, machen wir halt auf Tristan da Cunha. Bereits bei unserer Ankunft verstaucht sich unser Crewmitglied Hugo jedoch den Knöchel. Wir bauen ihm eine Krücke aus Holzstücken, die wir mit Schnüren aus recyceltem Plastik verbinden. Es funktioniert ganz gut.
Tristan da Cunha ist ein Archipel von fünf Inseln, der 2.800 Kilometer westlich von Südafrika und 3.360 Kilometer östlich von Südamerika liegt. Man kann mit Fug und Recht sagen, dass dies die verlassenste Inselgruppe der Welt ist. Seit circa 200 Jahren gibt es dort eine Siedlung von 270 Personen, außerdem einen aktiven Vulkan, heiße Quellen, Wasserfälle, endemische Arten, Wale, Delfine und sogar Schwertwale! Haupteinkommensquelle der Bewohner sind die lokalen Langusten, die in einer Fabrik verarbeitet werden. Wir reisen mit 4,5 Kilo-

gramm davon ab, und ich beschließe, gegen meine vegetarische Diät zu verstoßen. Diese Pause erschien uns allen geradezu als lebensrettend.
Unsere Expedition dauert jetzt acht Monate, seit wir Concarneau verlassen haben! Wenn wir am Kap der Guten Hoffnung sind, braucht die NOMADE DES MERS eine ordentliche Verjüngungskur, so wie sie auf dieser Überfahrt gelitten hat. Wir bleiben eine Woche dort, um zu werkeln und zu schlafen, zu werkeln und zu schlafen … und haben nun ein Boot und eine Moral, die darauf zugeschnitten sind, Stürmen zu trotzen. Beruhigend ist zudem, dass der berühmte Skipper Yvon Fauconnier zu uns an Bord kommt, um uns nach Madagaskar zu bringen.

SÜDAFRIKAUMRUNDUNG

Um diese kurze Etappe in Südafrika effizienter zu gestalten, greifen wir zur Strategie »Blitzkrieg«: Elina, Louis-Marie und Hugo gehen auf die Suche nach Low-Tech-Projekten im Land, während wir anderen Südafrika mit dem Boot umschippern. Um den 12. November herum werden wir uns alle in Durban wiedertreffen. Yvon kennt diese Seeroute gut. Hier herrscht die weltweit größte Dichte an Monsterwellen. Wie der Name schon sagt, verheißen sie nichts Gutes. Wesentlich höher als andere Wellen, türmen sie sich steil auf wie eine gigantische Wand aus Wasser. Diese Kaventsmänner entstehen unter bestimmten Bedingungen: bei Kreuzsee, starken Strömungen und Stürmen. Hier treffen häufig all diese Kriterien aufeinander. In extremen Fällen erreichen Monsterwellen eine Höhe von 30 Metern. Selbst große Frachter sind für diesen Zusammenstoß nicht gewappnet.

WARMES WASSER UND DIE TROPEN!

Wir passieren jedoch ohne Zwischenfall das Kap der Guten Hoffnung, dann das Kap Agulhas. Das Kap der Guten Hoffnung ist das bekanntere. Nachdem es zunächst Kap der Stürme getauft worden war, erhielt es seinen neuen Namen, um den Seeleuten, die auf dem Weg nach Indien waren, Hoffnung zu geben. Das Kap Agulhas ist der südlichste Punkt Afrikas und markiert das Zusammentreffen von Atlantischem und Indischem Ozean. Für uns bedeutet es warmes Wasser und die Tropen. Das Gewächshaus wird vor lauter Gemüse explodieren!

»Wellentäler von sechs Metern und Windstärken von 50 Knoten haben das fragile Ökosystem des Bootes zugrunde gerichtet. Die Schäden sind erheblich: Das Außengewächshaus wurde hinweggefegt, die Hydroponikanlage zertrümmert.«

Die neue Hydroponikanlage ist fast bereit für die Pflanzen, die wir nach dem Sturm gesät haben. Das neue Verfahren zur Mehlwurmaufzucht scheint sich eingespielt zu haben, und die letzte Windradversion, die wir in Dakar ersonnen haben, schnurrt in der Brise.
Andererseits dauert es einen Monat, bis unsere Hennen nach dieser Atlantiküberquerung geruhen, wieder zu legen. Trotz all unserer Bemühungen, ihre Lebens- und Arbeitsbedingungen zu verbessern, bleiben unsere Verhandlungen mit dem Hühnersyndikat spannungsgeladen und steril. Eine kleine Optimierung ihres Stalles konnte schließlich den Frieden unter der Schiffsbesatzung wiederherstellen. ■

NOMADE DES MERS

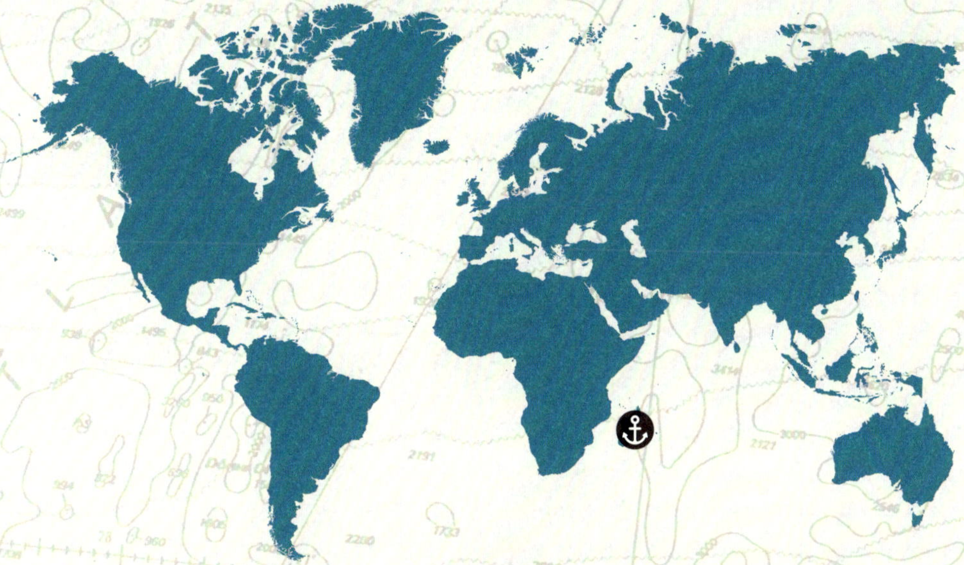

6

MADAGASKAR

TOLIARA

DIE INSEL MADAGASKAR, DIE 1960 IHRE UNABHÄNGIGKEIT VON FRANKREICH ERLANGTE, IST BEKANNT FÜR IHRE ZAHLLOSEN ENDEMISCHEN TIERARTEN, IHRE TROPENWÄLDER, STRÄNDE UND IHR TÜRKISBLAUES WASSER. DAS LAND ABER, DAS VON MEHREREN POLITISCHEN KRISEN ERSCHÜTTERT WURDE, IST ZUGLEICH EINES DER ÄRMSTEN DER WELT: UNTERERNÄHRUNG UND KINDERSTERBLICHKEIT SIND HIER DIE GRÖSSTEN HERAUSFORDERUNGEN.

587.040 KM²

24,24 MILLIONEN EINWOHNER

41 EINWOHNER/KM²

IM FOKUS

- Mit einem BIP von 334 € pro Kopf im Jahr 2016 ist Madagaskar eines der am wenigsten entwickelten Länder (WEL/LDC).
- Beim Index der menschlichen Entwicklung (HDI) nimmt das Land den 158. Platz von insgesamt 188 ein.
- Über 80 Prozent der Bevölkerung leben mit 2 $ pro Tag unter der Armutsgrenze.
- 80 Prozent der Einwohner leben – manchmal sehr abgeschieden – im ländlichen Raum.
- 15 Prozent der Bevölkerung leiden an einer mäßigen bis schwerwiegenden Wachstumsverzögerung (2008–2012).
- Die Sterblichkeitsrate für Kinder unter einem Jahr beträgt 46 Prozent (2013).
- Die Sterblichkeitsrate der Kinder unter fünf Jahren liegt bei 58 Prozent (2012).

Hauptstadt:
Antananarivo

Bedeutende Städte:
Toamasina, Antsirabe, Fianarantsoa, Mahajanga, Toliara, Antsiranana

Amtssprachen:
Malagasy, Französisch

AUS CORENTINS TAGEBUCH

»ALS WIR DAS LAND ERKUNDEN, BIN ICH FASZINIERT VON SEINER SCHÖNHEIT: SEINEN BAOBABBÄUMEN, SEINEN SCHLUCHTEN UND SEINEN DÖRFERN MIT IHREN HÜTTEN AUS LEHM UND STROH.«

Das Team der NOMADE DES MERS entdeckt den Hafen von Tolaria auf Madagaskar – nach einer weiteren stürmischen Atlantiküberfahrt.

Als wir am 21. November in Tolaria ankommen, stellen wir fest, dass es keinen einzigen Quai gibt, und machen an einem anderen Boot fest. Jeden Morgen fahren Pirogen mit viereckigen Segeln hinaus zum Fischen, während große Lastensegler ankommen und auslaufen. Andere Boote entladen Getreide zur Verteilung an die lokale Bevölkerung. Die Region scheint sehr trocken und die Bevölkerung sehr arm zu sein. Wir finden heraus, dass hier Seegurken »geerntet« werden, und zwar für den Export nach China. Die Madagassen essen das nicht, während die Chinesen ganz versessen darauf sind. Es ist schon ein besonderes Produkt, und man muss wissen, wie man es zubereitet. An der Küste entdecken wir Salzgärten und Mangroven – ein wenig weiter fängt die Wüste an. Auf den breiten und wenig gepflegten Straßen der Stadt läuft man sogar auf Sand. Ich habe mir ein Fahrrad besorgt, um die Gegend zu erkunden.

Für die Erzeugung von einem Kilogramm Eiweiß auf Spirulina-Basis sind 50-mal weniger Kulturfläche und 300-mal weniger Wasser nötig als für ein Kilogramm Eiweiß vom Rind, was sie ökologisch und ökonomisch zu einem sehr interessanten Nahrungsmittel macht.

ZUR ENTDECKUNG DER ALGEN VOR ORT

Mit 17.000 Pflanzenarten scheint die Flora der Insel Madagaskar eine der vielfältigsten der Welt. Darunter ist auch eine mikroskopisch kleine Alge mit erstaunlichen Ernährungseigenschaften: Spirulina, die unter den örtlichen Gegebenheiten besonders gut gedeiht. In der Umgebung von Tolaria können wir sogar einen natürlichen Spirulina-See besuchen. Flamingos sollen die Algen, die an ihren Füßen klebten, hierhergebracht haben. Heute züchtet man Spirulina wegen ihrer Ernährungseigenschaften in künstlichen Becken. Ihr Beitrag zur Ernährung ist unglaublich: Über ihre mehr als 20 Vitamine, Mineralstoffe und Spurenelemente hinaus sind sie aufgrund ihres hohen Eiweißgehalts von besonderem

»Heute züchtet man Spirulina wegen ihrer Ernährungseigenschaften in künstlichen Becken. Ihr Beitrag zur Ernährung ist unglaublich: Über ihre mehr als 20 Vitamine, Mineralstoffe und Spurenelemente hinaus sind sie aufgrund ihres hohen Eiweißgehalts von besonderem Interesse.«

»Für ein Kilogramm Eiweiß auf Spirulina-Basis benötigt man 50-mal weniger Zuchtfläche und 300-mal weniger Wasser als für ein Kilogramm Eiweiß aus Rindfleisch.«

Corentin möchte einen Weg finden, seine Spirulina-Zucht an Bord der NOMADE DES MERS um das 80-Fache zu erhöhen.

Interesse. Auch wir züchten sie auf dem Boot, aber in zu geringen Mengen, um unseren Bedarf zu decken. Sie könnte jedoch für unsere Forschung zur Selbstversorgung eine kostbare Ressource werden. Um unsere Ausbeute zu verbessern, treffen wir uns an der Universität von Tolaria mit zwei Spezialisten für die Spirulina-Zucht: Frau Dr. Vola (Kurzform von Vololonavalona) und Herrn Dr. Raharison. Ich stecke einen Finger ins Kulturbecken und koste – nicht sehr gut. Um Spirulina essbar zu machen, muss sie zunächst aus ihrem Anzuchtmilieu entnommen und dann durch ein Sieb gegeben werden. Danach muss sie zehn Stunden trocknen. Und nun kann sie sozusagen durch alle Formen dekliniert werden.

EINE EIWEISSQUELLE

Auf der Suche nach der passenden Versorgung an Bord der NOMADE DES MERS setzten wir uns mit der Frage der Ernährungsautonomie auseinander, und uns wird schnell klar, dass die Fleischproduktion – speziell vom Rind – im Vergleich zu anderen Nahrungsmitteln wesentlich höhere Ressourcen an Wasser, Futter, Fläche und Energie benötigt. Jedenfalls wäre auch die Rinderunterbringung an Bord schwierig … Im Gegensatz dazu benötigt man für ein Kilogramm Eiweiß auf Spirulina-Basis 50-mal weniger Zuchtfläche und 300-mal weniger Wasser als für ein Kilogramm Eiweiß aus Rindfleisch, was es aus ökologischer und wirtschaftlicher Sicht zu einem sehr interessanten Lebensmittel macht. Nach unserem ersten Treffen bewertet Dr. Raharison unser derzeitiges System zur Spirulina-Produktion. Mit ihm werde ich darüber nachdenken, wie sich unser Ertrag am besten erhöhen lässt. Er beläuft sich zurzeit auf 2,5 Milliliter pro Tag, was noch weit hinter unseren Zielvorgaben liegt. Er müsste 80-mal höher sein, damit wir 200 ml erreichen. Nach Dr. Raharisons Analyse ist unsere Spirulina nicht ausreichend »durchgerührt«, und ihr fehlt sowohl Licht als auch Kohlenstoff. Deshalb kommen wir auf die Idee, einen durchsichtigen

Schlauch rund um das Boot zu verlegen, worin sie zirkulieren kann. So bekäme sie viel Licht und ausreichend Bewegung, um Kohlendioxid aufnehmen zu können. Im Inneren des Bootes komplettieren wir die Anlage durch einen Kanister, den wir mit einer Pumpe versehen. Sie wird die Spirulina-Alge – etwa wie ein Herz – in den Schlauch hochpumpen. Das macht mir Freude.

Das Team hat die Idee, rund um das Boot ein System zu installieren, durch das die Algen zirkulieren können, denn für ihre Vermehrung brauchen sie Licht und Kohlenstoff.

In einer kleinen, von Ordensschwestern geführten Krankenstation nahe Toliara folgen 25 Kinder mit Mangelernährung einem Programm, das auf den Eigenschaften der Spirulina basiert.

»In Madagaskar, wo 90 Prozent der Bevölkerung unter der Armutsgrenze leben und wo eines von zwei Kindern an Mangelernährung leidet, bietet sich die Spirulina-Alge als eine der Lösungen gegen die Mangelernährung an.«

EINE LÖSUNG GEGEN DIE MANGELERNÄHRUNG

In Madagaskar, wo 90 Prozent der Bevölkerung unter der Armutsgrenze leben und wo eines von zwei Kindern an Mangelernährung leidet, bietet sich die Spirulina-Alge als eine der Lösungen gegen die Mangelernährung an. In einer kleinen Krankenstation, ein paar Kilometer von Toliara entfernt, nehmen 25 unterernährte Kinder an einem Programm teil, das unter anderem auf den Eigenschaften der Spirulina basiert. Jeden Morgen geben die Schwestern ein paar Gramm Spirulina für ein besseres Wachstum und ein abwehrstärkeres Immunsystem in das Frühstück der Kinder. Frau Dr. Vola, die unsere Spirulina-Spezialistin ist, versorgt die Station kostenlos mit den Algen. Außerdem lehrt sie jungen Madagassen, wie Spirulina gezüchtet werden kann – ähnlich ihrer eigenen Algenkultur. Diese Etappe bietet uns auch eine Gelegen-

heit, Luc Ronssin, einen ehemaligen Mitstudenten aus der Ingenieurschule, wiederzutreffen. Er wohnt mit seiner madagassischen Frau in Fianarantsoa und hat eine Außenstelle der französischen Organisation Relais aufgebaut, um gebrauchte Kleidung in Frankreich zu sammeln und ihr hier ein zweites Leben einzuhauchen. Er hat überdies der einzigen Autofabrik Afrikas, die 100 Prozent lokal produziert, eine zweite Chance geboten, und ich bin sehr beeindruckt von dem, was er hier in Madagaskar erreicht hat.

Von Toliara fahren wir hoch zur Westküste der Insel und machen halt in Belo-sur-Mer, das für seinen Bau von Dhaus bekannt ist, den traditionellen Segelbooten in Madagaskar. Es war der Bretone Ludovic Joachim, der dieses Wissen weitergab – es hat bei den Inselbewohnern seit dem 19. Jahrhundert Bestand. Heutzutage hoffe ich, dass sich Initiativen wie die von Dr. Vola über die Welt verbreiten werden. Meiner Meinung nach ist Spirulina tatsächlich eine ausgezeichnete lokale Antwort auf ein wesentliches Problem. Wir verlassen also Madagaskar mit unserem neuen Mannschaftzuwachs von 240 Millionen mikroskopisch kleinen Algen! ■

Die* NOMADE DES MERS *verlässt Madagaskar mit 240 Millionen mikroskopisch kleinen Algen an Bord!

BEGEGNUNG MIT **DR. RAVELO VOLOLONAVALONA**

SPEISEALGEN

Als Dozentin und Forscherin am Institut für Fischerei und marine Wissenschaften der Universität von Toliara hat Frau Dr. Vola ein so vielfältiges und arbeitsreiches Tätigkeitsfeld, dass einem ganz schwindlig wird. Diese Frau scheint niemals mit Arbeiten aufzuhören und nie entmutigt zu sein. Ihr Gesicht ist sanft und zugewandt. Frau Dr. Ravelo Vololonavalone, kurz »Dr. Vola« genannt, ist gebürtige Madagassin, hat Ozeanografie studiert, forscht in Toliara und hat 2001 ihre Dissertation zum Thema Spirulina veröffentlicht. Spirulina, die auch als blaue Mikroalge bezeichnet wird, gedeiht in warmen alkalischen Gewässern, die reich an Nährstoffen sind. Sie wird seit der Antike verzehrt und besitzt viele für die Ernährung und die Gesundheit wertvolle Inhaltsstoffe.

Im semiariden Klima des Gebiets, in dem die nötigen Grundnahrungsmittel nicht in ausreichender Menge für die einheimische Bevölkerung produziert werden können, muss ein großer Teil aus anderen Regionen Madagaskars oder aus dem Ausland importiert werden. Die Trockenheit im Süden zieht daher eine fortdauernde Hungersnot nach sich. Auch aufgrund dieses Sachverhalts und des natürlichen Vorkommens der Spirulina vor Ort ist Dr. Vola zu dem Schluss gekommen, dass diese Alge eine Lösung für die Ernährungsdefizite sein könnte. »Wir verteilen Spirulina an den Zentren für Ernährungsrehabilitation und an ein Zentrum für Rehabilitation bei psychomotorischen Behinderungen in Toliara. Die Wirkungen auf die Gesundheit kranker Kinder sind sehr ermutigend! Man sagt oft, dass rohe

DIE SPIRULINA-ALGE WIRD IM WESTEN als wertvolles Nahrungsergänzungsmittel überaus geschätzt, seit Ernährungswissenschaftler ihre vielen Vorteile erkannt haben. In Madagaskar, wo mehr als eines von zwei Kindern unter fünf Jahren an chronischer Mangelernährung leidet, wird sie kultiviert und kann so zu einer gesunden und ausgewogenen Ernährung der Bevölkerung beitragen.

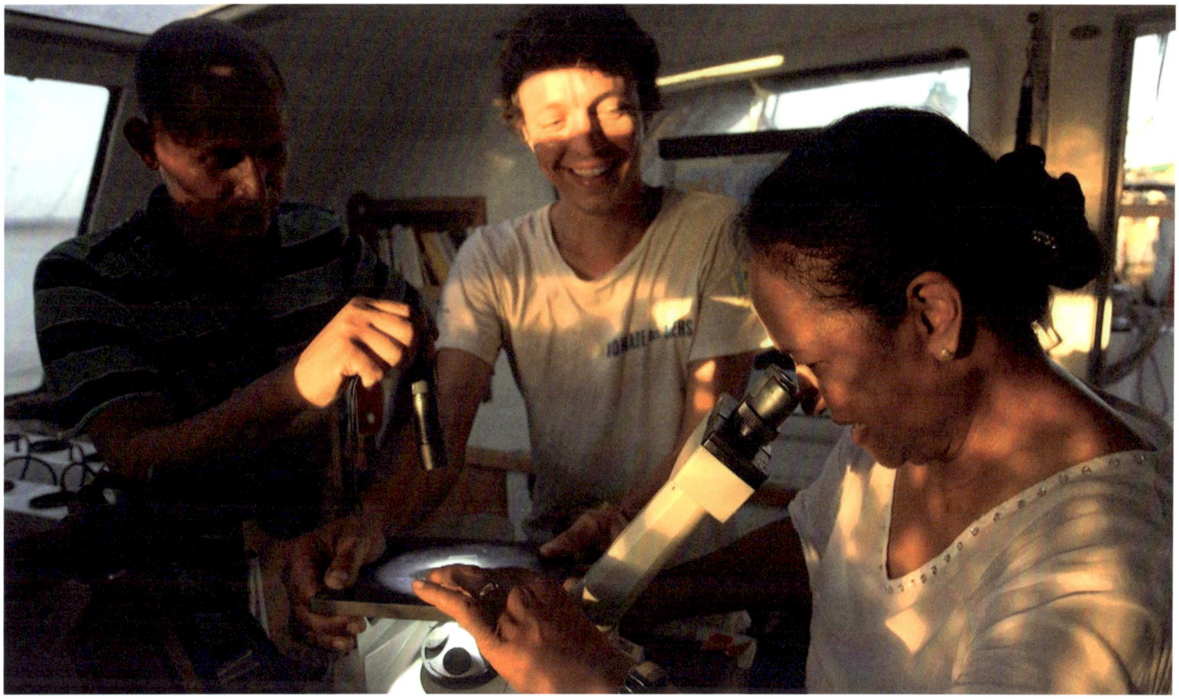

Unter Corentins amüsierten Blicken inspiziert Frau Dr. Vola die Spirulina-Kultur, die an Bord der NOMADE DES MERS gezüchtet wird.

Möhren das Vitamin-A-reichste Nahrungsmittel sind, aber tatsächlich kann Spirulina bis zu 15-mal mehr davon enthalten«, erläutert sie.
Sie lernte die Technik der kontrollierten Spirulina-Zucht in Becken unter der Leitung von weltweit führenden Experten aus Frankreich und Chile kennen. Seit 2002 und den verschiedenen politischen Krisen, die das Land erschütterten zum Trotz, produziert die erste Zuchtstation Madagaskars in Maninday auf einer Gesamtfläche von 550 Quadratmetern 200 Kilogramm Spirulina im Jahr. Ein Teil dieser Produktion wird verkauft, der andere verteilt.
Nach Dr. Vola konnten so 16.000 Menschen vor Mangelernährung bewahrt werden. Auf Basis ihrer Erfahrungen berät die junge Frau auch großzügig lokale und internationale Praktikanten – und zu unserer Freude die Mannschaft der NOMADE DES MERS. »Mit der Spirulina-Alge ist es wie mit den Blumen«, versichert sie, »man muss sie verwöhnen. Sie ist Leben!« ■

BEGEGNUNG MIT **LUC RONSSIN**

DAS NEUE LEBEN DER DINGE

Luc Ronssin ist Ingenieur. Der Franzose, der seit über zehn Jahren auf Madagaskar lebt, entwickelt verschiedene wirtschaftliche Unternehmungen mit dem Ziel, sich auf lokaler Ebene zu engagieren und die wirtschaftliche Eingliederung der am wenigsten Begünstigten zu unterstützen.

»Luc ist ein alter Freund aus meiner Ingenieurschule in Nantes«, erklärt Corentin. Der 38-Jährige, der meint, er stamme »ein wenig aus überall in Frankreich«, ist, wie der Kapitän der NOMADE DES MERS, Absolvent des ICAM. Ursprünglich kam er nach Madagaskar, um von 2002 bis 2005 Französisch zu unterrichten. Aber 2008 ließ er sich mit seiner madagassischen Frau dauerhaft nieder. Zu zweit haben sie die örtliche Außenstelle der französischen Kooperative Le Relais aufgebaut. Ihr Ziel ist es, in Frankreich gesammelter Kleidung dort zu einem zweiten Leben zu verhelfen: »60 Prozent der Textilien werden verarbeitet (zu Putzlappen, Isoliermaterial für Autos und Häuser oder zu anderen Zweitprodukten), die restlichen 40 Prozent werden als Secondhandkleidung verkauft«, erläutert Luc. Dessen Beteiligung an dieser Tätigkeit bestärkt Corentin bei seiner Suche nach einem Allround-Outfit, das er zu jeder Gelegenheit tragen kann und das lang hält: »Das hat mir die unglaubliche Verschwendung und Verschmutzung ins Gedächtnis gerufen, die aus der Herstellung unserer Bekleidung resultiert:

DIE WIEDERVERWERTUNG VON BEKLEIDUNG erweist sich nicht nur unter ökonomischen, sondern auch unter ökologischen Aspekten als positiv. Kleidung, die in anderen Abfällen steckt, kann nicht nur platzraubend sein, sondern auch den Boden kontaminieren und ekelerregende Gerüche verursachen. Wenn sie nicht im allgemeinen Abfall stecken, werden sie verbrannt und erzeugen Treibhausgase, womit sie zur Klimaerwärmung beitragen. Die Wiederverwertung von Textilien ist also in jeder Hinsicht ein Gewinn.

afghanische Baumwolle z. B., die in Bangladesch verarbeitet, in Frankreich getragen und in Madagaskar recycelt wird; dazu müssten wir uns mehr Fragen stellen«, sagt er ernst. Im Lauf der Jahre hat Le Relais auf Madagaskar verschiedene Geschäftstätigkeiten auf dem Gebiet der Wiederverwertung, des nachhaltigen Tourismus – Le Relais besitzt zwei Hotels, eines davon in Toliara – und der Agroökologie entwickelt. Ziel ist es, die Ärmsten »von der Straße und aus dem totalen Elend zu holen«. Inzwischen hat die Organisation 500 Mitarbeiter. »Die Vorarbeiten, um Menschen in Not zu ermitteln und in der Folge zu begleiten, sind enorm«, erläutert Luc.

Ein weiteres Tätigkeitsgebiet, das die Relais-Außenstelle erschlossen hat, macht viel von sich reden und beschäftigt allein schon 75 Personen: die Autofabrik Kerenjy in Fianarantsoa. Sie wurde in den 80er-Jahren während der Regierungszeit von Ratsiraka vom Staatlichen Institut für Innovationen (IMI) errichtet. Zunächst wurden hier Fahrzeuge gebaut. Sie waren die einzigen aus madagassischer Herstellung und an die auf der Insel und großen Teilen des afrikanischen Kontinents vorherrschenden Bedingungen angepasst. Nach verschiedenen politischen Krisen im Land schloss die Fabrik 1993 schließlich ihre Tore. Als Le Relais sie 2009 übernahm, waren die Bauschäden erheblich, und die Natur hatte sich die Fabrik zu großen Teilen zurückerobert. Aber da die Maschinen und Bestände an Ersatzteilen noch vorhanden waren, konnte wieder mit der Fertigung begonnen werden. Die Motivation der Teams von Relais Madagascar hat es also möglich gemacht, den einzigen Automobilhersteller Afrikas wieder zum Leben zu erwecken. ■

Le Relais, Standort Madagaskar.

LOW-TECH-PROJEKT IN ARBEIT

SPIRULINA-ALGEN

»Diese Mikroalge gilt als Superfood! Sie ist reich an Eiweiß, Vitaminen und Eisen! Ihre ideale Zusammensetzung und ihre Anpassungsfähigkeit machen sie zu einem Nahrungsergänzungsmittel, das auch bei Spitzensportlern begehrt ist. Allerdings ist sie recht teuer, obwohl man sie einfach und schnell züchten kann.«

Corentin

Schwierigkeit: mittel
Zeitaufwand: 1 Tag

Für diese Low-Tech-Lösung braucht man:

Material

»Spirumeter«
- 1 weißer Flaschenverschluss aus Plastik
- 1 Lineal (oder ein Stab aus Plastik oder Holz) von 20 cm
- Schrauben

Kulturbecken
- 1 wasserdichter Behälter

Kulturmedium
- Spirulina
- Trinkwasser
- Natriumhydrogencarbonat (Natron)
- Meersalz

Natürliches Kulturmedium
- Weißweinessig
- 100 g rostige Nägel
- Saft von 5–10 Zitronen
- Urin von gesunder Person

Spirulina ist eine Mikroalge von etwa ¼ mm Größe, die seit über 3 Milliarden Jahren in flachen tropischen und subtropischen Gewässern in Trockenregionen gedeiht. Als Ausgangspunkt des pflanzlichen und tierischen Lebens hatte Spirulina wesentlichen Anteil an der Entstehung der Erdatmosphäre, da sie Sauerstoff aus Kohlendioxid produziert. Zahlreiche Gesellschaften und NGO greifen im Kampf gegen Hunger und Mangelernährung auf die Alge zurück. Bei Beanspruchung der gleichen Fläche produziert z. B. eine Spirulina-Kultur 500-mal mehr Eiweiß als die Rinderhaltung. Bei privater Spirulina-Zucht kann diese Alge in die tägliche Ernährung integriert werden, und es entsteht eine lokale Produktion.

BAUEN SIE IHRE EIGENE SPIRULINA-KULTUR AUF

ERSTE ARBEITSSTUFE: DAS »SPIRUMETER«

Ein Indikator für die Gesundheit der Spirulina-Kultur ist ihre Konzentration. Um diese zu ermitteln, gibt es ein sehr einfaches Instrument: das »Spirumeter« oder die Secchi-Scheibe. Dabei handelt es sich um eine weiße Scheibe, die am Ende eines Achsstabs mit Zentimetermarkierung angebracht wird. Man taucht sie in die Kulturlösung, um deren Konzentration zu ermitteln. Sobald sie so tief eingetaucht ist, dass sie nicht mehr sichtbar ist, liest man die Tiefe an den Markierungen ab: Dies ergibt die Secchi-Konzentration. Je niedriger sie ist, desto höher ist die Spirulina-Konzentration. Für eine gesunde Spirulina-Zucht muss die Konzentration bei 2 bis 4 cm gehalten werden: Bei 2 cm kann die Alge geerntet werden. Die Mindestkonzentration muss bei 4 cm liegen. Um ein »Spirumeter« anzufertigen, schrauben Sie einen weißen Flaschenverschluss an das Ende eines Lineals bzw. eines Plastik- oder Holzstabs. Markieren Sie Lineal oder Stab nun im Zentimeterabstand über 10 cm, wobei Sie beim Verschluss mit »0« anfangen.

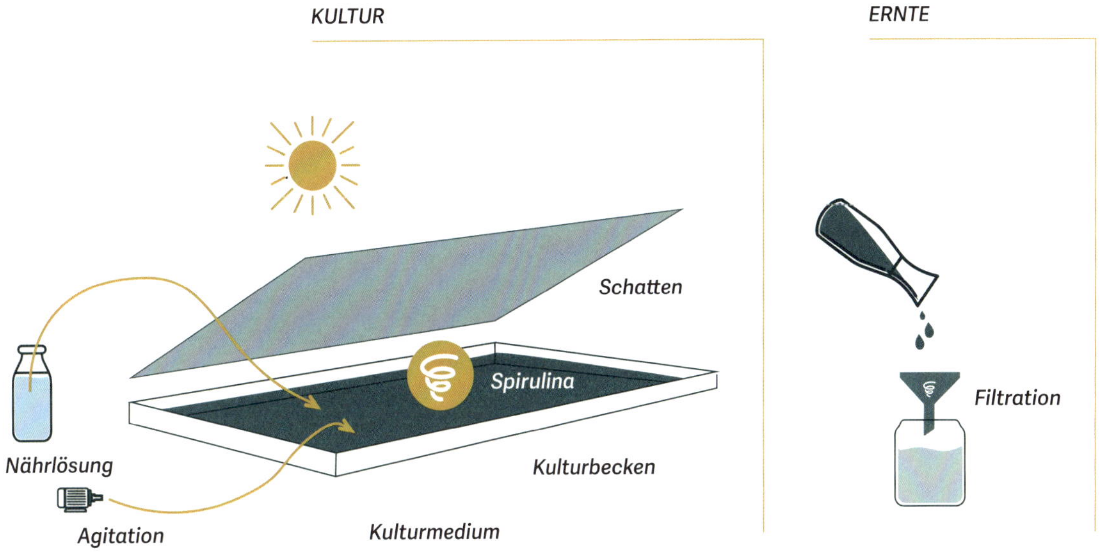

ZWEITE ARBEITSSTUFE: DAS KULTURBECKEN

Wählen Sie die Größe des Behälters je nach dem Raum, den Sie für Ihre Kultur zur Verfügung haben, und der Menge, die Sie produzieren wollen. Der französische Verband der Spirulina-Hersteller empfiehlt eine Tagesdosis von 50 g, dafür wird ein Becken von 1 m^2 benötigt.

DRITTE ARBEITSSTUFE: KULTURMEDIUM UND NÄHRLÖSUNG

Für eine optimale Produktion muss das Kulturmedium eine Höhe von 20 cm ab dem Boden des wasserdichten Behälters erreichen. Bei weniger als 20 cm wird das Becken nicht maximal ausgenutzt und darüber hinaus die Alge nicht ausreichend dem Licht ausgesetzt, was ihre Vermehrung verlangsamt.

Werkzeug

- 1 Schraubendreher
- 1 Behälter von 100–200 l
- 1 Waage
- 2 1-Liter-Flaschen
- 1 Durchschlagsieb
- 1 Gartenschlauch (zur Einleitung der Spirulina in das Becken)
- 1 Stück Nylongewebe von 30 Mikron
- 1 Kanne (z. B. Messkanne Küche)
- 1 Aquariumpumpe (Leistung 500 bis 1.000 l/Std.)

Das Kulturmedium – Füllen Sie Ihren großen Behälter mit Wasser, fügen Sie das Natron im Verhältnis 1 kg auf 100 l Wasser und das Meersalz 500 g auf 100 l Wasser hinzu.
Gründlich verrühren, damit sich alles gut im Wasser löst.
Die Nährlösung – Die Nährstoffqualität der Alge ergibt sich aus ihrer eigenen Ernährung, die sich hauptsächlich aus Stickstoff, Phosphor, Kalium, Magnesium und Eisen zusammensetzt. Für Selbstversorgerkulturen kann Nahrung mineralischen oder natürlichen Ursprungs verwendet werden. Die erste, die durch chemische Synthese gewonnen wird, ist allerdings weniger ökologisch. Wir setzen daher auf eine natürliche Nährlösung:
– *Die Eisenoxidlösung bzw. der »Sud rostiger Nägel«:* Dies bietet der Spirulina-Alge eine lokal hergestellte organische Nahrung, die ideal ist für ihre Produktivität und Widerstandskraft. Geben Sie in eine 1-Liter-Flasche 100 g rostige Nägel. Fügen Sie 1 l Weißweinessig und den Saft von 5 bis 10 Zitronen zu. Lassen Sie sie 10 Tage ruhen (damit die nötige Konzentration an Eisenoxid entsteht), filtern Sie dann den Saft, etikettieren Sie die Flasche und lagern Sie sie vor Sonnenlicht geschützt. Die Nägel können Sie für einen nächsten Eisenoxid-Ansatz aufheben.
– *Die Urinlösung:* Im Urin liegen die Inhaltsstoffe für die mineralische Ernährung in einem idealen Verhältnis vor. Jedoch darf nur »Bio«-Urin von Personen verwendet werden, die sich gesund ernähren (die nicht rauchen und weder Medikamente noch die Antibabypille nehmen). Geben Sie in eine 1-Liter-Flasche 10 cl Weißweinessig (bindet Geruch, tötet Bakterien ab, bewahrt aber das Ammoniak, das im Urin enthalten ist). Füllen Sie die Flasche mit gesundem Urin auf. Etikettieren Sie die Flasche und lagern Sie sie vor Sonnenlicht geschützt. Mischen Sie im Behälter die 100 l Kulturmedium mit 1 l Urin und 200 ml der Eisenlösung. Füllen Sie die Mischung in das Becken. Wiederholen Sie diesen Vorgang, bis das Becken auf 20 cm Höhe aufgefüllt ist.

VIERTE ARBEITSSTUFE: BEGINN DER SPIRULINA-KULTIVIERUNG

Das Kulturmedium für die Spirulina-Zucht ist nun fertig. Die Algen selbst kann man z. B. von einem privaten Selbstversorger beziehen oder bei einem Produzenten in der Nähe des eigenen Wohnorts, der womöglich frische Spirulina oder ein Konzentrat liefern kann (in Frankreich bietet z. B. Gilles Planchon den Versand an). 1 kg frische gepresste Spirulina kostet etwa 50 €, und man benötigt circa 500 g, um ein Becken von 500 l damit zu besetzen. Rühren Sie die frische gepresste Spirulina in Ihrem Behälter mit einem Teil der Nährlösung (circa 30 l) an, zunächst mit der Hand, dann mit einem Durchschlagsieb, um Klümpchen herauszufiltern. Bitte beachten Sie: Schaum deutet darauf hin, dass sich die Spirulina zersetzt. Lassen Sie sie ruhen und rühren Sie dann nur vorsichtig weiter. Bringen Sie das Spirulina-Konzentrat am besten abends mithilfe des Gartenschlauchs und der kleinen Pumpe behutsam in das Becken ein. Kontrollieren Sie die Konzentration; wenn sie über 3 liegt, fügen Sie mehr Kulturmedium zu.

FÜNFTE ARBEITSSTUFE: DIE ERNTE

Spirulina lässt sich am besten morgens ernten. Wenn im Bassin noch nicht gerührt wurde, schwimmen Platten von Algen an der Oberfläche. Legen Sie ein Durchschlagsieb am Becken bereit, das Sie mit dem Nylongewebe (30 Mikron) ausgelegt haben und das als Filter dient. Füllen Sie eine Messkanne mit Kulturmedium, geben Sie dies durch den Filter: Das Kulturmedium läuft durch ins Becken, die Spirulina bleibt im Filter. Ernten Sie höchstens ein Viertel des Beckeninhalts.

Bringen Sie die Algen in der Mitte des Filters zusammen, drücken Sie sie durch das Filtertuch aus, wringen Sie die Biomasse aus und wenden Sie dabei zunehmend mehr Kraft auf. Fahren Sie damit fort, bis die austretende Flüssigkeit hellgrün wird.

Bewahren Sie die geerntete Spirulina kühl auf.

Füllen Sie im Becken Nährlösung nach, damit sich die Alge wieder vermehren und ihre maximale Konzentration erreichen kann. Bitte beachten Sie: Die Nährlösung wird am besten morgens zugesetzt.

PFLEGE IHRER SPIRULINA-KULTUR

Die Temperatur – Der natürliche Lebensraum für Spirulina sind warme Klimazonen: Wenn die Temperatur ihrer Umgebung unter 18 °C liegt, überwintert sie. Ab 20 °C beginnt sie, sich zu vermehren, ab 30 °C steigt ihre Zellwachstum stark an. 37 °C ist ihre optimale Umgebungstemperatur, bei der sich das Volumen alle 8 Stunden um 25 Prozent vermehrt. Bei über 42 °C stirbt sie ab.

Die Agitation – Um sich entwickeln zu können, braucht Spirulina viel Licht, darf aber nicht für einen längeren Zeitraum der Sonne ausgesetzt sein. Aus diesem Grund muss, wie schon weiter oben erwähnt, das Kulturmedium über Tag regelmäßig mithilfe einer kleinen Pumpe bewegt werden. In unserem Fall hat die Pumpe eine Leistung von 100 l/Std. für ein 500-Liter-Becken. Bei kleinem Volumen kann man auch von Hand mit einem Durchschlagsieb für Bewegung sorgen – mindestens 4-mal am Tag. Denken Sie daran, die Pumpe über Nacht, d. h. während der Atmungsphase der Spirulina, abzuschalten.

Die Verdunstung – Durch Hitzeeinwirkung verdunstet das Wasser im Becken, dabei bleiben jedoch die Nährstoffe für die Algen (das Salz und das Natron) erhalten. Füllen Sie daher regelmäßig mit Wasser auf, bis das ursprüngliche Volumen, d. h. die Markierung von 20 cm über dem Beckenboden, erreicht ist.

Der Schatten – Passen Sie den Schatten je nach Saison, Helligkeit und Temperatur an, um die oben beschriebenen idealen Lichtverhältnisse zu gewährleisten. ■

Sie wollen mehr wissen?

NOMADE des MERS
GUY

7

SEYCHELLEN

VICTORIA

DIE SEYCHELLEN BILDEN IN DEN WEITEN DES INDISCHEN OZEANS VOR OSTAFRIKA EINEN ENORM GROSSEN ARCHIPEL. STRÄNDE, KORALLENRIFFE UND NATURSCHUTZGEBIETE SCHÜTZEN SELTENE TIERE WIE DIE RIESENSCHILDKRÖTE. EIN SCHATTEN LEGT SICH ÜBER DAS BILD DIESES PARADIESES, DAS DER TOURISMUS WOHLHABEND MACHT: DIE SICH AUFTÜRMENDEN ABFÄLLE.

115 INSELN

455 KM² UND 1,3 MILLIONEN KM² AUSSCHLIESSLICHE WIRTSCHAFTSZONE (AWZ/ZEE)

92.900 EINWOHNER

212 EINWOHNER/KM²

IM FOKUS

- 50 Prozent des Territoriums der Seychellen sind als Naturschutzgebiet ausgewiesen.
- 2017 kamen 304.000 Besucher auf die Inselgruppe. Demgegen stehen über 275.000 im Jahr 2015.
- Fast 48.000 Tonnen Abfall produzieren die Einwohner der Seychellen jährlich (gegenüber 800 Millionen Tonnen in Frankreich).
- Die Menge der auf dem Archipel erzeugten Abfälle hat sich in 15 Jahren um 100 Prozent erhöht.
- 80 Prozent der Inseln könnten durch den Meeresanstieg in den nächsten Jahrzehnten verschwinden.

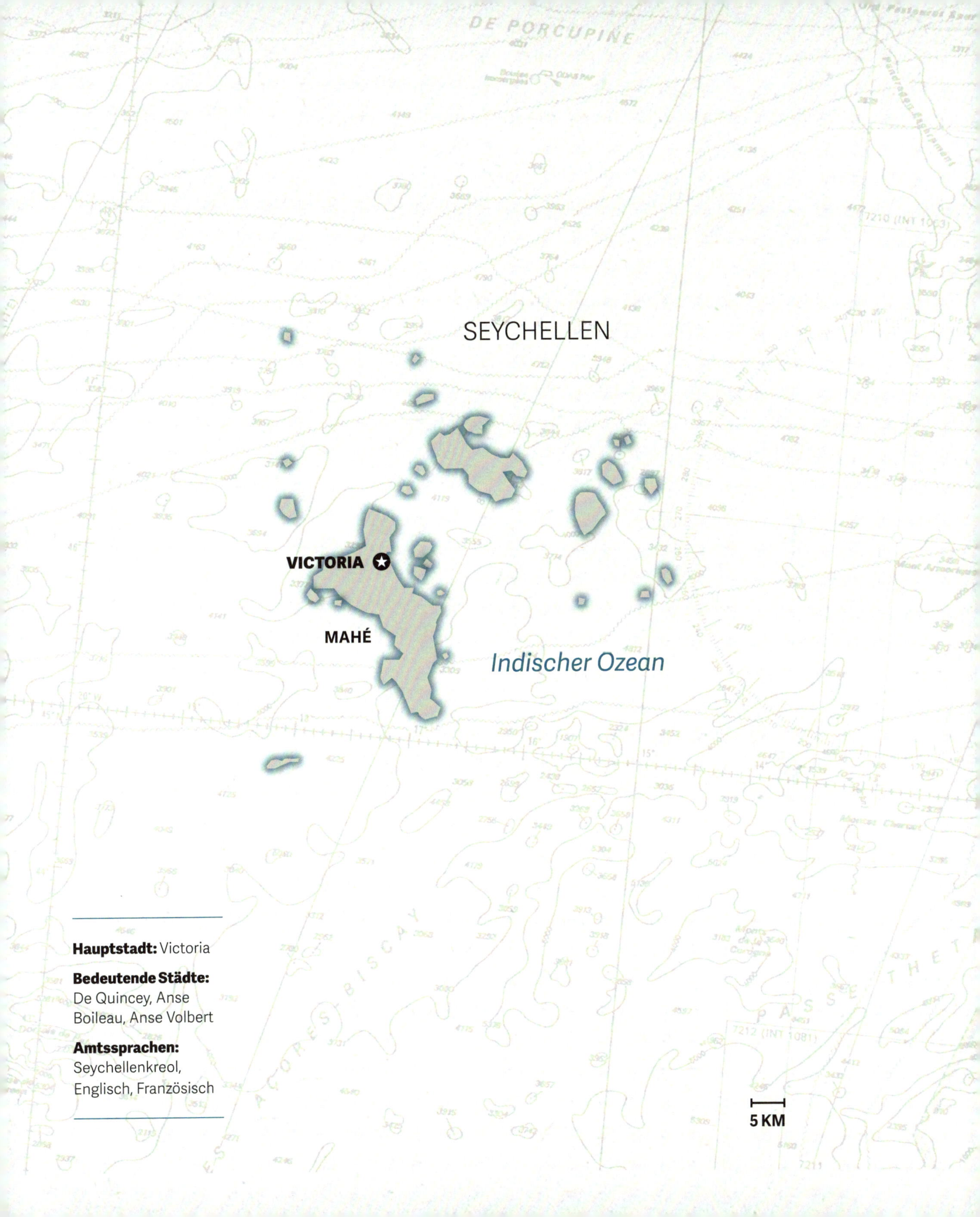

Hauptstadt: Victoria

Bedeutende Städte:
De Quincey, Anse
Boileau, Anse Volbert

Amtssprachen:
Seychellenkreol,
Englisch, Französisch

AUS CORENTINS TAGEBUCH

»EINE WOCHE NACHDEM WIR MADAGASKAR VERLASSEN HATTEN, TOBT MITTEN IM INDISCHEN OZEAN EIN STURM, DER DEN MAST KNICKT UND IHN INS WASSER KIPPT. SO HABEN WIR ALSO DIE MALEDIVEN NIE ERREICHT, DIE UNSERE NÄCHSTE ETAPPE SEIN SOLLTEN. ABER WIR SCHAFFTEN ES BIS VICTORIA, DER HAUPTSTADT DER SEYCHELLEN.«

Ein madagassisches Auslegerboot auf offener See vor der Insel, mit Kurs auf die Malediven.

Wir verlassen Madagaskar am 24. Januar mit Kurs auf die Malediven. 3.500 Kilometer sind zu bewältigen, und da das Boot mit der Schnelligkeit eines Skateboards vorwärtskommt, hoffen wir, in circa 20 Tagen dort zu sein. 20 Tage, in denen wir uns einer Herausforderung stellen: Wir befassen uns jetzt seit einem Jahr mit Low-Tech aus der ganzen Welt und möchten nun herausfinden, wie es um das Zusammenspiel der verschiedenen Konzepte bestellt ist.

UNSER LOW-TECH-MASSNAHMENPLAN

Das ist unser Plan: An Bord lassen mein Teamkamerad und ich 130 Pflanzen Blattgemüse nach dem Hydroponiksystem wachsen. Wir essen sie und geben die Reste den Hühnern. Letztere legen Eier, die wir verzehren, und produzieren Vogelkot, den wir mitkompostieren; dabei entsteht eine Flüssigkeit, die Nahrung für die Pflanzen ist. Parallel dazu züchten wir 10.000 Mehlwürmer, die ebenfalls Teil unserer Ernährung sind. Unser Urin nährt

Clément und Corentin gönnen sich zwei Tage, um sich von ihrer Pechsträhne zu erholen. Corentin erkundet den Archipel zu Fuß: 115 Inseln mit üppiger Pflanzenwelt, umrahmt von Kokospalmen und Stränden mit feinstem Sand.

unsere 60-Liter-Zucht der Spirulina-Alge, die reich an Eiweiß ist und gleichfalls zu unserem Speiseplan gehört. Da dies nicht ausreicht, haben wir einen Vorrat an Zerealien und Bohnen, der gleichermaßen uns wie auch den Hühnern und Würmern als Nahrung dient. Gekocht wird auf unserem holzbefeuerten Sparkocher. Was den Strom angeht, so beliefern unser selbst gebautes Windrad und die Solarpanele unsere LED-Beleuchtung und die Sprudler, die die Spirulina aufmischen. Und schließlich sammeln wir noch Regenwasser, um alles zu bewässern. So weit also unser Vorhaben beim Start unseres »Low-Tech-Raumschiffs«. Aber sehr schnell sollten sich die ersten Probleme einstellen.

KATASTROPHENSZENARIO

In den ersten Tagen funktioniert unser Plan recht gut. Wir fangen mehr Regenwasser auf, als wir brauchen, und die Solarpanele wechseln sich mit dem Windrad ab, sodass wir mehr als genug Strom haben. Überdies ernten wir üppig Amarant, Neuseeland-Spinat, Mangold und Portulak, und das Boot kommt flott voran.

Aber am Morgen des vierten Tages wird klar, dass eine Ratte, die in Madagaskar an Bord gegangen ist, einen großen Teil unserer Jungpflanzen gefressen hat. Auch die Spirulina bekommt Probleme, da sie nicht genügend Sauerstoff erhält, und wir sind gezwungen, die Hälfte der Kultur wegzuwerfen. Als wäre das nicht genug, enden die Tests mit unserem Solarofen in einer brennenden bzw. eben nicht brennenden Niederlage! Unsere ersten Berechnungen des Energiewerts unserer Ernährung sind sehr beunruhigend: Wir nehmen jeweils 1.260 Kilokalorien/Tag zu uns, es müssten aber nach unserem Ernährungsexperten 2.500 sein. Ein ruhender Mensch verbraucht bereits 1.500 … Ich befürchte, dass wir zu reinen Gemüse-Menschen werden.
Etwas später müssen wir auf dem Atoll Farquhar haltmachen, um ein Problem mit dem Autopiloten zu regeln. Wir trösten uns damit, dass wir das nutzen können, um

Jedes Jahr besuchen 300.000 Touristen die Seychellen, auf denen das ganze Jahr über kaum 100.000 Menschen leben.

unsere Kalorienzufuhr durch Kokosnüsse aufzubessern. Aber die Insel war im Vorjahr von einem Zyklon heimgesucht worden – bis zum Horizont keine Kokosnuss. Und dann kam die Nacht zum 31. Januar: Ein brutaler Wind traf uns, knickte den Mast und kippte ihn ins Wasser. Wir brauchten fünf Stunden, um ihn auf die Brücke zu hieven. Glücklicherweise waren wir nicht weit weg von der »Gefängnisinsel« Coëtivy, die wir mit Motorkraft anliefen, um uns mit Diesel wieder freizukaufen – nach zähen Verhandlungen mit den Verantwortlichen, die sich nicht einmal dazu herabgelassen hatten, auf unsere ersten Funksprüche zu antworten. Nach einer Motorfahrt von langen zwei Tagen erreichten wir dann Victoria, die Hauptstadt der Seychellen.

ANKUNFT IN VICTORIA

Im Gegensatz zur landläufigen Vorstellung werden wir nicht mit Ukulele-Spiel und Blumenkränzen empfangen. Die Gesundheitsbehörden sind sehr streng, um eingeschleppte Plagen zu verhindern. Und als sie unsere Hühner, die Insekten, den Kompost, die Algen und die Pflanzen an Bord entdecken, ahne ich, dass eine Plage auf uns zukommt: Wir werden unter Quarantäne gestellt, all unsere Pflanzen und unsere Hühner, mit denen wir seit der Bretagne so viele intensive Momente durchlebt haben, werden von Bord geholt. Unsere Pflanzen verschwinden zu sehen, um die wir uns so sehr gekümmert haben – das ist unfassbar traurig. Glücklicherweise können wir wenigstens die Insekten rechtzeitig im Motorraum verstecken.

Zugegebenermaßen hat die Anwesenheit der Ratten an Bord nicht dazu beigetragen, unsere Quarantäne zu vereinfachen. Aber selbst nachdem wir sie gefangen hatten, waren wir nicht in der Lage, sie zu töten. Einer der Zöllner verteilte Rattengift auf dem Boot und warnte uns: Sollten sich angenagte Giftkugeln finden, kommen wir nicht von Bord.

Im Ort treffen wir viele Leute aus Concarneau, die die NOMADE DES MERS kennen. Sie arbeiten auf den Thunfischfängern, die hier stationiert sind, und wir verbringen einige Abende mit ihnen. Sehr schnell beschließen wir, an die Arbeit zu gehen. Clément wird den Mast wieder

In Victoria drückt Corentin noch einmal die Schulbank, um die chemische Reaktion zu ergründen, durch die sich aus Frittieröl Diesel erzeugen lässt.

aufriggen, während ich vorhabe, das Gewächshaus neu zu bevölkern. Außerdem rechne ich damit, in dieser Gegend eventuell interessante Low-Tech-Projekte zu finden. Aber zuvor gestehen wir uns noch zwei Erholungstage zu. Ich gehe allein und zu Fuß eine Tour, um die Umgebung zu erkunden. Ich habe noch nie eine derart schöne Inselgruppe gesehen: 115 Inseln mit üppiger Vegetation, umrahmt von Kokospalmen und Stränden mit feinstem Sand. Auch Granitblöcke findet man hier – sie erinnern mich an die Bretagne.

BIODIESEL – EINE LOW-TECH-AKTIVISTIN

Jedes Jahr kommen 300.000 Touristen auf die Seychellen, die selbst kaum 100.000 Einwohner haben. Aus ökologischer Sicht sind die Auswirkungen des Tourismus nicht leicht in den Griff zu kriegen, besonders auf Inseln, die mitten im Meer liegen. Bei meiner Internetrecherche bin ich auf die Gesellschaft Sustainability for Seychelles gestoßen, die für den Umweltschutz sensibilisiert und lokale Aktionen begleitet. Ich treffe Michelle, eine ehrenamtliche Mitarbeiterin. Sie erzählt mir von der Abfallentsorgung auf der Insel, auf der Victoria liegt, und speziell von den Recyclingprogrammen. Eine der Techniken fesselt mich besonders – die Verwertung von gebrauchtem Frittieröl für die Produktion von Biodiesel. Ein Experiment, das uns angesichts unserer jüngsten Misere gerade recht kommt! Ich folge ihrem Rat und treffe Patrick Rogan, einen Iren mit Bauunternehmen, der Biodiesel für seine Baufahrzeuge herstellt. Und dann ist da noch Justin Waru, ein junger Mechaniker, der eine Tankstelle für Biodiesel gebaut hat, die er hauptsächlich im Hinblick auf die Fischerboote als Geschäft betreiben will. Michelle hat mir erklärt, dass auf kleinen Inseln wie den Seychellen zu wenig Abfälle anfallen – sicher 48.000 Tonnen –, als dass sie wirtschaftlich recycelt werden könnten. Und da es auch zu teuer ist, sie zu exportieren, türmten sie sich einfach auf. Das hat Patrick Rogan dazu veranlasst, mit der Wiederverwertung von Glas zu beginnen und sich für Biodiesel zu interessieren.

Ich möchte Genaueres darüber erfahren, wie dieser Kraftstoff funktioniert, um zu vermeiden, dass mein Motor verrußt. Also treffe ich mich mit Jean-Paul, Professor für Chemie an der Universität, und frage ihn, welche chemische Reaktion nötig ist, um Biodiesel guter Qualität zu erhalten.

Kurz gesagt, schwankt die Qualität des Frittieröls je nach Mischung der verschiedenen Inhaltsstoffe. Man muss daher wissen, wie die Dosierung für Methanol und Natron festzulegen ist, die dem Öl zur Qualitätssteigerung zugesetzt werden. Justin Waru, der Mechaniker, rät mir, neben den Luxushotels nach einem guten Frittieröl zu gucken, was ich auch tue. Ich beschließe, Patrick,

Corentin trifft einen der wenigen Gemüsegärtner der Seychellen.

Jean-Paul und Justin für mein Experiment zusammenzubringen – mit ihrer kombinierten Kompetenz haben wir gute Chancen auf Erfolg!
Zuvor jedoch müssen wir noch den gesamten Ernährungssektor des Bootes regeln, z. B. das ganze Gewächshaus der NOMADE DES MERS neu aufbauen. Die Seychellen sind dermaßen abhängig von Importen, dass 80 Prozent der Nahrungsmittel aus dem Ausland bezogen werden müssen. Jean-Paul ist daher einer der wenigen Gemüsegärtner der Inseln. Er rät mir, vor allem Chinakohl zu pflanzen, der in nur drei Wochen erntereif ist und von dem man alle Teile essen kann. Ich verlasse ihn schließlich mit einem Sortiment von 800 Pflanzen, von denen alle Teile essbar sind: Grund genug, das Gewächshaus der NOMADE DES MERS wieder zu bestücken, und schon bald werden wir neue Geschmackserlebnisse entdecken. Was die Hühner angeht, habe ich eine Idee: drei Legehennen aus Batteriehaltung adoptieren, damit sie die Welt entdecken können! Sie haben mit Sicherheit noch nie das Meer gesehen.

HERSTELLUNG VON BIODIESEL

Wir kommen wieder mit Patrick, Justin und Jean-Paul zusammen, um Biodiesel für den Bootsmotor herzustellen. Es wird mir klar, dass dieses Projekt Synergien ermöglichen kann, die vorher nicht bestanden, denn es vereint Menschen, die sich nicht kannten, sich aber alle dieselbe Frage stellen: Wie als Selbstversorger neue

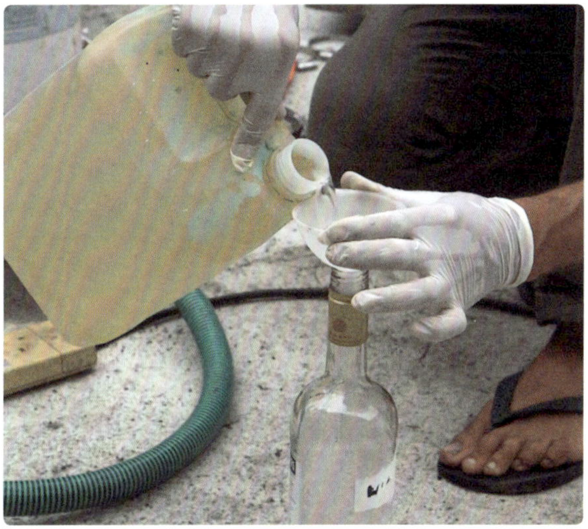

Dank der Einbindung verschiedener Menschen mit unterschiedlichen Fachkenntnissen gelingt es Corentin, Biodiesel zu entwickeln, mit dem er von nun an den Motor der NOMADE DES MERS betreiben kann.

»Kaum zu glauben: Das Öl, das man zum Braten braucht, wird nun unser Boot antreiben!«

Ressourcen aus Altem schaffen? Indem man darüber nachdenkt.
Kaum zu glauben: Das Öl, das man zum Braten braucht, wird nun unser Boot antreiben! Wir beschließen, diese neue Ressource sofort anzuzapfen, und verlassen den Hafen von Victoria im Motorbetrieb, die Energie dazu liefert unser neuer Kraftstoff. Wir nehmen unsere Route nach Indien auf. Nach dem Verlust des Mastes, der Hühner und der Pflanzen hatten wir das Gefühl, ganz unten angekommen zu sein, aber dank der Hilfe aller brauchten wir nicht lang für den Neuanfang, und die NOMADE DES MERS ist einmal mehr in Topform! ■

BEGEGNUNG MIT **PATRICK ROGAN**

BRATFETT, DAS LÄUFT UND LÄUFT UND …

Der Ire Patrick Rogan kam 1990 auf die Seychellen, um bei einer Baufirma zu arbeiten – und blieb. »Es ist jetzt 23 Jahre her, dass meine Freundin Sylvia mir ein Steak briet und mich dann zum Flughafen Heathrow brachte. Das war der Beginn meiner Reise ins Unbekannte. Ich hatte keine Ahnung, wo die Seychellen waren und was mich da unten erwarten würde. Aber ich hatte beschlossen, ein neues Leben anzufangen«, erzählt Patrick Rogan, der heute 58 Jahre alt ist. Zunächst arbeitete Patrick für ein englisches Bauunternehmen, das ein Programm zur Säuberung der einzelnen Inseln entwickelt hatte. »Nach meiner Arbeit für dieses Programm bin ich hier unten geblieben. Es fehlte auf den Seychellen an qualifiziertem Personal, an Arbeit fehlte es nicht«, erklärt er.

Schließlich stellte Patrick selbst verschiedene Betriebe auf die Beine: sein eigenes Bauunternehmen, einen irischen Pub – »denn es gab keinen, und ich wollte Guinness importieren« – und überdies ein Wiederverwertungsprogramm. Die Bürger von Victoria können ihre Glasflaschen bei Patrick abladen, der sie zerkleinert und als Granulat wiederverwendet, hauptsächlich zur Verfestigung von Bitumen oder Gebäuden. Mit nur zwei Tonnen im Monat ist seine Ausbeute relativ gering, aber dennoch sehr nützlich.
Bis heute interessiert sich die Regierung nicht für die Entsorgung der Abfälle, die sich auf den Inseln türmen, denn ihre Aufbereitung in diesem kleinen Maßstab ist zu kostspielig. »Aber«, so Patrick, »das ist dabei, sich zu ändern. Seit der letzten Präsidentschaftswahl von 2016 gibt es ein öffentliches Bekenntnis, dieses Problem anzugehen.«

BIODIESEL IST EIN KRAFTSTOFF, der aus wiederverwerteten Pflanzenölen oder Tierfett gewonnen wird. Da er erneuerbar, ökologisch und biologisch abbaubar ist, trägt er zur Reduktion der Treibhausgasemissionen und somit zum Umweltschutz bei. Zu achten ist aber auf die Herkunft des Öls: Der Anbau von Soja oder Ölpalmen zur Herstellung von Biodiesel führt zur Entwaldung, die wiederum verantwortlich ist für erhöhte Treibhausgasemissionen.

Patrick Rogan hat sich darangemacht, Biodiesel für seinen persönlichen Bedarf zu erzeugen: Er versichert, dass er 100 Liter Kraftstoff aus 100 Liter gebrauchtem Frittieröl herstellen kann.

In der Zwischenzeit hat Patrick seit ein paar Jahren Ressourcen ausfindig gemacht, die er nutzen und denen er zu einem zweiten Leben verhelfen kann. So kam er auch zum Biodiesel auf der Basis von Frittieröl: »Vor Jahren war Diesel auf den Seychellen, wo es keinerlei Erdöl gibt, sehr teuer. Daher fing ich an, im Internet nach Methoden zur Herstellung von Biodiesel aus altem Frittieröl zu suchen: Ich kann aus 100 Liter Öl praktisch 100 Liter Kraftstoff machen! Die verwende ich zum persönlichen Gebrauch; das betrifft also nur mich«, fügt er vorsichtig hinzu.

Tatsächlich musste Patrick bei den ersten Versuchen Probleme mit der Qualität seines Biodiesels lösen, um Motorschäden zu verhindern. Er durfte weder Wasser noch aufschwimmende Rückstände von Brot oder Hähnchen enthalten! Es war also unerlässlich, das Öl zu filtern und so die Erzeugung zu optimieren. Zu diesem Zweck versammelten sich Justin, der Mechaniker, Jean-Paul, der Chemiker, und Patrick zur Zusammenarbeit um die NOMADE DES MERS.

Patrick ist da sehr entschieden: Biodiesel ist gleichzeitig ökonomisch, weil er nur halb so teuer ist wie regulärer Kraftstoff, und ökologisch, weil das auf diese Art verwendete Frittieröl nicht schädlich für das Abwassersystem und die Umwelt ist. ■

ZUM PRINZIP EINER LOW-TECH-LÖSUNG

BIODIESEL

»Mit der NOMADE DES MERS haben wir auf den Seychellen den Biodiesel entdeckt. In der Theorie ganz simpel: Es geht um die Produktion einer Diesel-ähnlichen Substanz aus gebrauchtem Speiseöl – mithilfe von Methanol. Diese Reaktion nennt sich ›Umesterung‹. Natron, ein Stoff mit erhöhtem pH, dient hier als Katalysator. Aus einer Tonne Öl und 100 Kilogramm Methanol lassen sich eine Tonne Biodiesel und 100 Kilogramm Glycerin gewinnen, das ebenfalls bei dieser Reaktion abfällt. Mit übergezogenem Laborkittel musste ich mich nun wieder in meine Schullektionen, in dem Fall das richtige ›Titrieren‹, stürzen, d. h. auf die Berechnung der richtigen Menge Natron, die je nach vorhandenem Öltyp zuzusetzen ist. Zu Beginn ist das nicht immer klar, aber sobald man die Vorgehensweise verstanden hat, geht es wie von allein!«

Corentin

WAS IST BIODIESEL ÜBERHAUPT?

Der Biodiesel – ein Diester – ist ein Brennstoff für Dieselmotoren, den man aus gebrauchten Speiseölen oder Tierfetten gewinnen kann.
In Frankreich wird der Anteil der Öle aus Nahrungsmittelherstellung und Gastgewerbe auf 100.000 bis 150.000 Tonnen geschätzt, wovon jährlich lediglich 20 Prozent eingesammelt werden – sicher, nur ein Tropfen gegenüber den 32 Millionen Tonnen Diesel, die in Frankreich im Jahr verbraucht werden.
Aber Biodiesel hat den Vorteil, dass er recht einfach für den Hausgebrauch für 0,5 bis 1 € pro Liter hergestellt werden kann.
Überdies kann er problemlos mit Dieselöl gemischt werden, um die Verschmutzung von Motoren zu verhindern.

WIE FUNKTIONIERT DAS?

Der Filter – In einem ersten Schritt sammelt man das Speiseöl und filtert es durch einen sehr feinen Filter (5 Mikron). Dadurch lassen sich eventuelle Nahrungsstückchen oder Reststoffe vom Öl trennen.

Zusatz von Natron und das Titrieren – Für die chemische Reaktion zur Gewinnung von Biodiesel muss dem zuvor gefilterten Öl Natron zugesetzt werden. Dabei hängt die Menge an Natron, die zuzusetzen ist, von der jeweiligen Ölqualität ab.
Um diese zu ermitteln, ist zunächst ein Titrierverfahren nötig. Dazu löst man ein wenig des gebrauchten Öls in Isopropylalkohol; dann gibt man schrittweise Natron zu, bis der pH-Wert der Lösung 8 oder 9 beträgt. Anhand der Natronmenge, die man beim Titrieren zugesetzt hat, lässt sich die Menge ermitteln, die dem Gesamtvolumen des gebrauchten Öls zuzufügen ist.

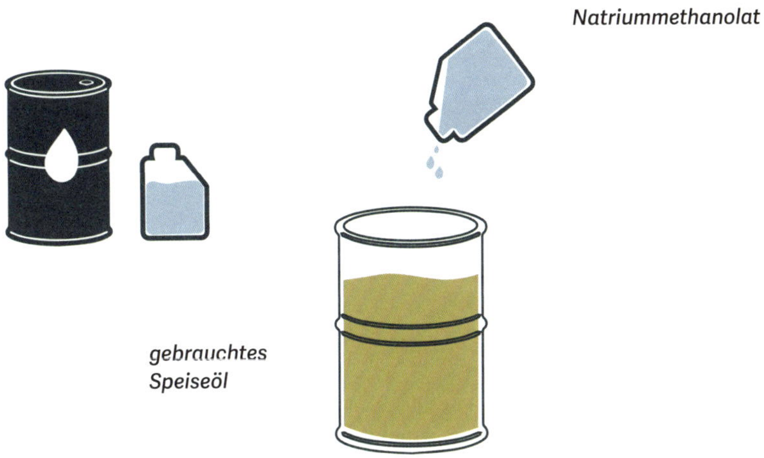

Natriummethanolat – Ist das Titrieren abgeschlossen, muss das Natriummethanolat – das Reaktionsmittel zur Erzeugung von Biodiesel – hergestellt werden. Dazu mischt man Methanol mit der Natriummenge, die man durch das Titrieren ermittelt hat. Achtung, das kann sich als gefährlich erweisen.

Erzeugung von Biodiesel – Dazu reicht es nun, das Natriummethanolat mit dem gebrauchten Öl zu mischen. Es setzt eine chemische Reaktion ein, die zwei Phasen im Reaktionsgefäß erzeugt: festes Glycerin, das sich am Boden absetzt, und Biodiesel, der darüber liegt. Nach einer Ruhestandzeit kann der Biodiesel aus dem Behälter abgepumpt werden. ■

»Der Biodiesel – ein Diester – ist ein Brennstoff für Dieselmotoren, den man aus gebrauchten Speiseölen oder Tierfetten gewinnen kann.«

COOKSTOVE

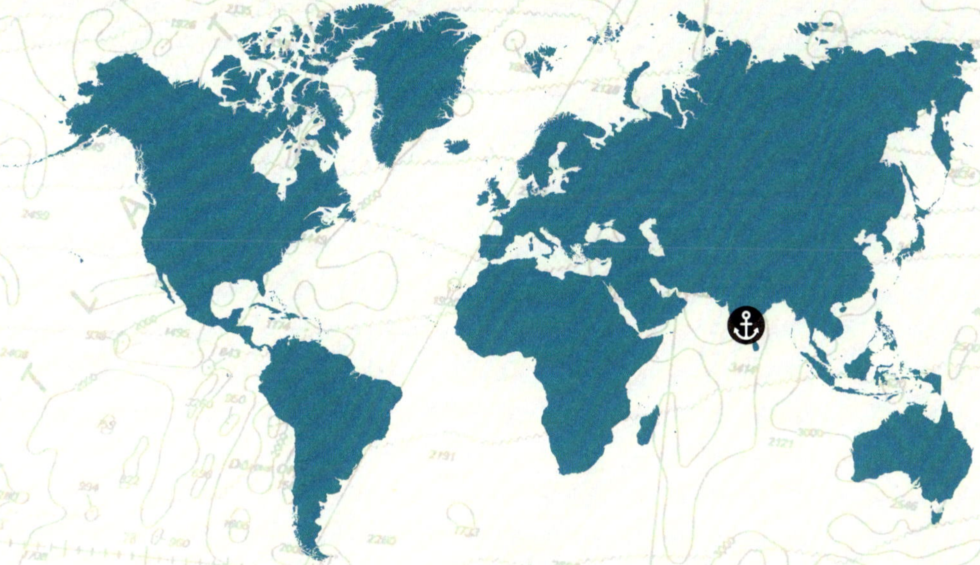

8

INDIEN

CHENNAI – AUROVILLE

INDIEN, DAS ZWEITGRÖSSTE LAND DER WELT NACH SEINER EINWOHNERZAHL UND SIEBTGRÖSSTE NACH SEINER FLÄCHE, NIMMT DEN GRÖSSTEN TEIL DES SUBKONTINENTS EIN. ES HAT MÄCHTIGE REICHE UND ZIVILISATIONEN BEHERBERGT, DIE ZU DEN ÄLTESTEN DER WELT GEHÖREN. INDIEN IST FASZINIEREND UND VERSTÖREND ZUGLEICH: DIE GERÄUSCHE, DIE GERÜCHE, DAS MENSCHENGEWIMMEL, DAS ELEND UND DIE SCHÖNHEIT, DIE VERSCHMUTZUNG UND DIE SPIRITUALITÄT …

3.287.263 KM²

(9-MAL SO GROSS WIE DEUTSCHLAND)

1,324

MILLIARDEN EINWOHNER

445 EINWOHNER/KM²

IM FOKUS

- Das BIP des Landes beträgt 2.458 Milliarden $ (2017 siebter der Weltrangliste).
- Der Ganges ist einer der am stärksten verschmutzten Flüsse der Erde.
- 80 Prozent des Oberflächenwassers (im direkten Kontakt mit der Atmosphäre) sind verschmutzt.
- 75 bis 80 Prozent der Wasserverschmutzung stammen aus Haushaltsabwässern, und weniger als 30 Prozent der Abwässer werden geklärt.

Hauptstadt:
Neu-Delhi

Bedeutende Städte:
Mumbai, Bangalore (Bengaluru), Hyderabad, Ahmedabad, Kalkutta

Amtssprachen:
Hindi, Englisch

Landessprachen:
Asamya, Bengali, Bodo, Dogri, Gujarati, Hindi, Kannada, Kashmiri, Konkani, Maithili, Malayalam, Manipuri, Marathi, Nepali, Oriya, Panjabi, Sanskrit, Santali, Sindhi, Tamil, Telugu, Urdu

AUS CORENTINS TAGEBUCH

»AM 4. APRIL ERREICHEN WIR CHENNAI IM SÜDEN INDIENS. ES IST DIE GRÖSSTE HAFENSTADT VON TAMIL NADU, IN DER TÄGLICH HUNDERTE FISCHERBOOTE ANLEGEN.«

Die NOMADE DES MERS kommt in Chennai in Südindien an.

Amandine und Pierre-Alain vom Low-tech Lab sind aus Concarneau zu uns gekommen. Zusammen besuchen wir mehrere lokal Aktive, die sich hier für den Zugang zu sauberem Wasser engagieren. Chennai, das alte Madras – zu Kolonialzeiten britisches Handelszentrum –, erlebte vor 15 Jahren eine der heftigsten Dürren seiner Geschichte. Heute muss sich die Metropole Problemen der Abwasserreinigung und Wasserversorgung stellen, und das Bevölkerungswachstum macht die Sache nicht einfacher. Seit Marokko untersuchen wir, wie durch Solarentsalzung Meerwasser in Süßwasser verwandelt werden kann. Wir sahen, dass diese Low-Tech-Lösung wenig produktiv blieb und viel Platz auf dem Boot einnahm, haben aber noch keinen Ersatz durch ein anderes Low-Tech-System gefunden. Und genau das Problem wollen wir jetzt lösen.

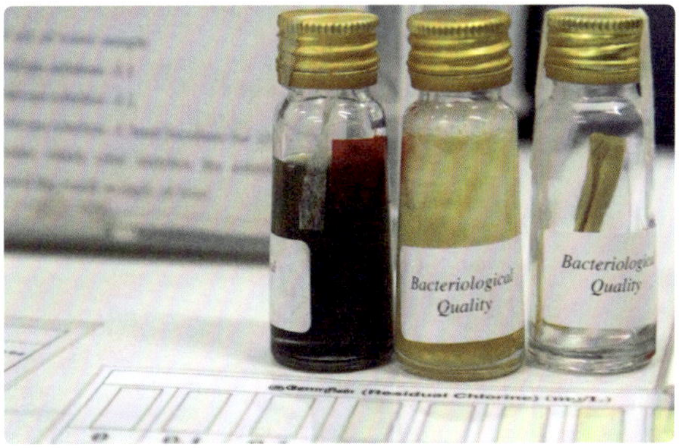

Pierre-Alain und Corentin treffen Professor Ligy, die Forschungen zur Abwasserklärung betreibt. In Indien bleibt der Zugang zu Trinkwasser für große Teile der Bevölkerung ein Problem.

DAS PÄDAGOGIK-KIT VON PROFESSOR LIGY

Zusammen mit Pierre-Alain treffen wir im Stadtteil Chepauk Frau Professor Ligy Philip, deren Forschungen sich vor allem auf die Abwasserreinigung konzentrieren. Ihr Labor befindet sich mitten im Herzen der renommierten Universität von Chennai. Professor Ligys erklärtes Ziel ist es, einen Weg zu finden, allen Menschen Zugang zu Trinkwasser zu verschaffen. Mit ihrem Team hat sie ein Kit entwickelt, mit dem festgestellt werden kann, ob Wasser trinkbar oder verschmutzt ist. Es besteht aus einer sterilisierten Flasche, die einen Streifen mit Nährstoffen enthält. Man muss nur die Flasche zu zwei Dritteln mit Wasser füllen, sie gut schütteln und anschließend für 18 bis 24 Stunden ruhen lassen. Hat sich das Wasser im Fläschchen dann gelb verfärbt, ist es trinkbar. Wird es aber schwarz, heißt das, das Wasser ist kontaminiert und verkeimt. Durch Professor Ligys Kit konnte die Rate der Wasserkontamination in einigen Vierteln von 90 Prozent auf nur noch sieben Prozent drastisch gesenkt werden und mit ihr die Zahl der Cholerafälle.

In Ländern wie Indien, wo Abwässer direkt in Wasserläufe geleitet werden, ist auch das Grundwasser häufig betroffen. Die Ingenieure und Forscher der Universität, die mit der Professorin zusammenarbeiten, wollen daher zum einen einfache Lösungen im Kampf gegen die Wasserverschmutzung entwickeln und zum anderen die Wasserverschwendung bekämpfen.

> »Wenn das Wasser im Fläschchen gelb wird, ist es trinkbar. Wird es aber schwarz, heißt das, das Wasser ist kontaminiert und verkeimt.«

An der Universität von Chennai werden Versuche zu Pflanzenkläranlagen durchgeführt.

»Es gibt auch einen Versuchsaufbau, dessen Prinzip für das Boot interessant sein könnte: eine Pflanzenkläranlage, die Abwässer mithilfe von Pflanzen reinigt.«

WASSERREINIGUNG DURCH PFLANZEN: BIOLOGISCHE ABWASSERREINIGUNG

Im Park der Universität gibt es auch einen Versuchsaufbau, dessen Prinzip für das Boot interessant sein könnte: eine Pflanzenkläranlage, die Abwässer mithilfe von Pflanzen reinigt. Wir treffen Ram, einen Spezialisten für den Abbau chemischer Verunreinigungen im Wasser, der bei diesem Projekt mit Professor Ligy zusammenarbeitet. Zunächst sammelt Ram das sogenannte »Grauwasser« aus Wohnhäusern – also das Wasser aus Bad und Küche, jedoch nicht der Toiletten – und leitet es in ein Absetzbecken. Hier wird es einer Erstbehandlung zur Entfernung von Festpartikeln unterzogen, die sich am Beckengrund absetzen. Nach dieser ersten Stufe wird das Grauwasser zu einer sogenannten »Feuchtzone« weitergeleitet: ein natürliches Milieu, das dieses Brauchwasser in reines Wasser umwandelt. »Die

Zur Trinkwassergewinnung möchte Amandine eine Filtertechnik auf der Basis von Ton und Sägemehl untersuchen.

Methode ist sehr ökologisch, denn wir verwenden ausschließlich Pflanzen und keinerlei chemische Produkte. Zum Schluss erhalten wir ein sehr gesundes Wasser, das man wieder gefahrlos verwenden kann – sowohl im Garten als auch für die Wasserspülung von Toiletten«, erklärt er. Ram präsentiert uns das Schilfrohr *(Phragmites australis)*, das durch seine bambusähnlichen Hohlstängel viel Sauerstoff aufnehmen und in den Boden abgeben kann, der wiederum ein Substrat aus Sand, Ziegeln und Kies ist. Während die Pflanzen in diesem Substrat wachsen, wandeln sie es in ein aerobes Milieu um, das heißt eine mit Mikroorganismen besiedelte Zone, in der sich unter Sauerstoff Bakterien vermehren. Der Sauerstoff begünstigt die Entwicklung von Bakterien, die alle pharmazeutischen und kosmetischen Schadstoffe angreifen, sodass sie aus dem Brauchwasser eliminiert werden.

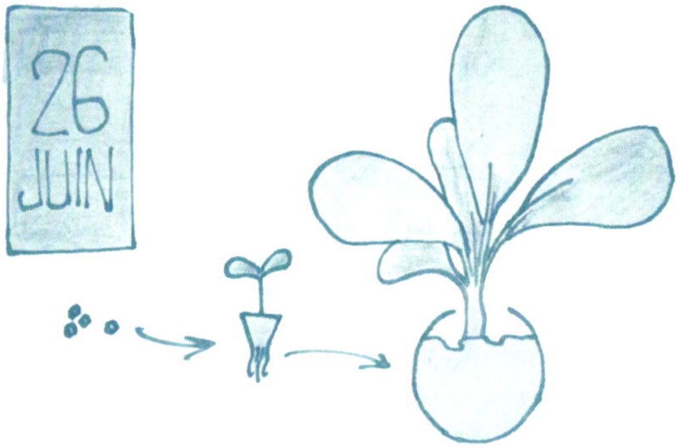

Zurück an Bord, feilt Amandine den zuvor gefertigten Filter, damit er dünnwandiger wird.

»Zehn Liter Wasser, das scheint lächerlich wenig , aber tatsächlich bedeuten sie viel für uns und all die, die nicht genug Wasser haben.«

LOW-TECH FÜR UNSER BOOT

Auf dem Boot ist es sehr schwierig, sich mit Wasser zu versorgen: Wir haben kalkuliert, dass wir circa zehn Liter Wasser aufbereiten könnten: aus dem Urin, aus dem Wasser der Küche und dem der Hydroponikkultur, das regelmäßig ausgetauscht werden muss. Die Herausforderung besteht darin, Rams System im ganz kleinen Maßstab nachzubauen.

Amandine versucht hingegen, ein anderes Problem an Bord zu lösen: die Trinkwasserversorgung. Dazu will sie eine Filtertechnik auf der Basis von Ton und Sägemehl untersuchen. Erhitzt man diese beiden Stoffe, entstehen Mikrokohlekügelchen, die das Wasser filtern. Die gute Nachricht: Es gibt viele Sägemühlen in Chennai, sodass Amandine schnell das nötige Material für den Filter finden kann. Bei der Herstellung lässt sie sich von Souati helfen, der in einer Töpferwerkstatt arbeitet. Dank dem Kit von Professor Ligy werden wir leicht prüfen können, ob dieser Filter auch wirksam ist. Währenddessen

Auf der Suche nach einem Weg, das Wachstum von Schilfrohr für die Pflanzenkläranlage zu beschleunigen, treffen Pierre-Alain und Corentin den Hydroponikspezialisten Sriram.

suchen wir mit Pierre-Alain nach Wegen, wie wir den Schilf für die Pflanzenkläranlage schnell zum Wachsen bringen können. Der Mann der Stunde ist Sriram Gopal, der Hydroponikspezialist von Chennai. Er hat alle seine Prototypen auf dem Dach seines Unternehmens installiert und weiß, wie man sie an jede Art Raum anpassen kann. In seiner Werkstatt stellt uns Sriram alles, was wir brauchen, zur Verfügung und hilft uns, das Prinzip »Pflanzenkläranlage« auf die beschränkten Möglichkeiten des Bootes zu übertragen.
Zehn Liter Wasser, das scheint lächerlich wenig, aber tatsächlich bedeuten sie viel für uns und all die, die nicht genug Wasser haben. Wir sind sehr zufrieden, als wir uns mit den neuen Low-Tech-Lösungen auf den Weg machen. Chennai scheint dennoch nicht der ideale Etappenort: sehr viele Menschen, sehr verschmutzt, sehr viel Verkehr. Ich bin nicht unglücklich über die Idee, uns eine hübsche kleine Pause in Auroville, unserem nächsten Ziel, zu gönnen. ■

BEGEGNUNG MIT **FRAU PROFESSOR LIGY PHILIP**

DAS WISSEN UM WASSER

Ligy Philip ist Professorin für Bauingenieurwesen am IITM (Indian Institute of Technology Madras) in Chennai. Die Wissenschaftlerin mit beeindruckendem Werdegang und vielen Auszeichnungen widmet sich der Erforschung von Lösungen zur Abwasserreinigung.

Ligy Philip, die vor rund 50 Jahren in Kerala im Süden Indiens geboren wurde, studierte in Kanpur, im Bundesstaat Uttar Pradesh, der an Nepal grenzt. Es dauerte fast 15 Jahre, bis sie nach Chennai kam – damals noch Madras –, um zum Problem des Wasserzugangs zu forschen.

2009 begannen Professor Ligy und ihr Team, Programme zur Sensibilisierung der Bevölkerung für die Wasserverschmutzung auszuarbeiten: »Dies ist in Indien aufgrund unserer Bevölkerungsdichte ein echtes Problem. Nur knapp 30 Prozent der Abwässer werden geklärt, und die schlechte Wasserqualität ist weiterhin die Ursache vieler, oft ernster Erkrankungen, sodass die Menschen sogar arbeitsunfähig werden!«, stellt sie fest.

Mithilfe des Testkits für die Wasserverschmutzung, das ihr Team entwickelt hat und von dem auch die NOMADE DES MERS profitiert, konnte bewiesen werden, dass die Wasserressourcen von Chennai hoch kontaminiert sind: Etwa 90 Prozent der Proben lieferten schlechte Ergebnisse.

»Die meisten Quellen der Region sind miteinander verbunden, und wenn sich die Leute mit Wasser versorgen,

ZUGANG ZU TRINKWASSER ist ein universelles Menschenrecht. Dennoch weisen die Zahlen der WHO nach, dass jährlich 3,4 Millionen Menschen durch verschmutztes Wasser sterben, 2,6 Milliarden nicht über Sanitäranlagen verfügen und dass 3,1 Prozent aller Todesfälle weltweit durch schlechte Qualität des Wassers, der Abwasserreinigung und der Hygiene zu erklären sind. Die Wasserverschmutzung betrifft alle Kontinente und kann dramatische Folgen haben, besonders für die Schwächsten einer Gesellschaft: die Kinder, die Alten oder die in Armut lebenden Menschen.

100.000 Menschen konnten schon von Professor Ligys Erfindung profitieren: ein Testkit, um festzustellen, ob Wasser kontaminiert ist.

ist es danach oft kontaminiert. Es reicht schon ein einfacher Schlauch oder Eimer, die nicht sauber sind, um die Wasserreserve erneut zu verschmutzen. Wir versuchen, das zu ändern«, erklärt Professor Ligy. »Wir setzen speziell auf die Entwicklung von Technologien, die für alle erschwinglich sind: Ein guter Teil der von uns entwickelten Lösungen werden gratis abgegeben.«

So konnten fast 100.000 Personen von einem Testkit profitieren. Ligy Philip freut sich über die Wirkung dieser Low-Tech-Lösung, und vor allem darüber, dass die Notwendigkeit, Wasser guter Qualität sicherzustellen, um bestimmte Epidemien einzudämmen, im Bewusstsein der Bevölkerung angekommen ist.

Was die Klärung speziell in den ländlichen Gebieten angeht, so arbeiten die Teams des Instituts noch an verschiedenen Lösungen, darunter einer Pflanzenkläranlage, die wirksam gegen diverse chemische Stoffe ist, wie sie in gebrauchtem Wasser vorkommen. ■

ZUM PRINZIP EINER LOW-TECH-LÖSUNG

DIE PFLANZENKLÄRANLAGE

»Das ITT, eine große Universität in Chennai, Indien, ist das Zentrum für die Entwicklung der vertikalen Pflanzenkläranlage: Professor Ligy begleitet mehrere Doktoranden bei diesem Thema mit dem Ziel, diese Techniken an die Verhältnisse in Indien anzupassen. Das Prinzip ist einfach: Es werden zwei Gruben ausgehoben, in die über ein Substrat aus Sand und Kies das zu klärende Wasser geleitet wird; die Gruben sind z. B. mit Schilfrohr bepflanzt und beherbergen natürlich vorhandene Mikroorganismen. Das Zusammenspiel dieser Organismen mit den Pflanzen macht den Abbau der Schadstoffe im Wasser möglich. Wenn dieses die Gruben verlässt, ist es gereinigt und kann wieder an die Umwelt abgegeben werden.«

Corentin

WAS SIND PFLANZEN-KLÄRANLAGEN?

Hier handelt es sich um eine Technik zur Aufbereitung von »Grauwasser«, das aus unseren Duschen oder Waschmaschinen stammt, durch die Kombination von Pflanzen und Mikroorganismen. Das Ziel ist, sauberes Wasser an die Umwelt zurückzugeben.

In Frankreich fallen jährlich circa 40.000 Liter Grauwasser pro Person an, die, wenn sie erst mit Schwarzwasser (aus Toiletten) vermischt sind, in die Kläranlagen gelangen und vielfältige Probleme für die Klärung und Speicherung mit sich bringen.

Dank der Pflanzenkläranlagen ist es jedoch möglich, diese Grauwässer zu klären, bevor sie mit dem Schwarzwasser vermischt werden.

Diese Technik eignet sich besonders für Wohnverhältnisse, bei denen – für den individuellen oder kollektiven Bedarf – eine gewisse Bodenfläche zur Verfügung steht.

WIE FUNKTIONIEREN SIE?

Leitungssysteme – Um eine Pflanzenkläranlage installieren zu können, muss zunächst das Grauwasser (Abwässer von Duschen, Spülen, Waschmaschinen) vom Schwarzwasser (Toilettenabwasser) im Gebäude getrennt werden. Dazu ist eine Installation nötig, durch die man ausschließlich Grauwasser zurückgewinnt, indem man z. B. Trockentoiletten einsetzt, wodurch gar kein Schwarzwasser anfällt, das schwieriger zu klären ist.

Wasserdichte Gruben – Im Freien werden hintereinander zwei wasserdichte Gruben ausgehoben. Da sie mit der Zuleitung von Grauwasser verbunden sind, muss ihre Größe der Anzahl der Hausbewohner entsprechen (pro Person etwa fünf Quadratmeter). Durch ein Netz aus PVC-Rohren, in die viele kleine Löcher gebohrt wurden, kann das Wasser der ersten Grube in die zweite und dann aus dem System laufen.

Letzteres funktioniert durch einen Höhenunterschied. Die erste Grube liegt auf Höhe der Wasserableitung aus dem Gebäude und die zweite Grube etwas unterhalb. Dieser Höhenunterschied macht es möglich, dass das Wasser das ganze System durchläuft.

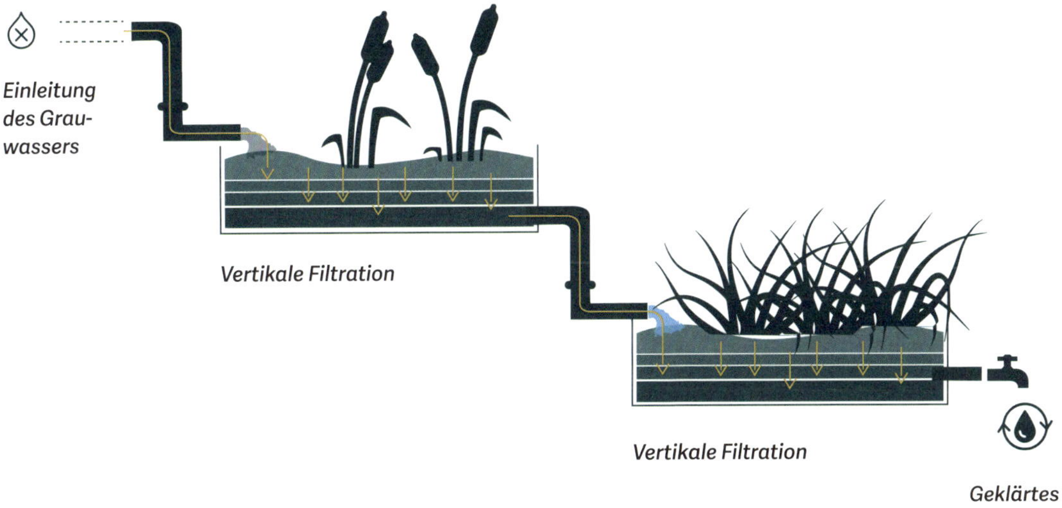

Füllung der Gruben – Die beiden Gruben werden zunächst mit Sand und dann mit immer gröberem Kies gefüllt, in den schließlich die Schilfpflanzen eingesetzt werden.

Inbetriebnahme – Nun kann Grauwasser in das System eingeleitet werden und verbreitet sich in der ersten Grube. Grober Schmutz bleibt an der Oberfläche zwischen den Pflanzen hängen, während das Wasser durch die Sand- und Kiesschichten sickert.
Die Wurzeln des Schilfes entwickeln sich nach und nach im Inneren der Grube. Sie versorgen das Milieu mit Sauerstoff und tragen zur Entwicklung von Mikroorganismen bei, die die Schadstoffe binden.
In der zweiten Grube läuft das Wasser genauso weiter und wird auf seinem Weg Stück für Stück von Schadstoffen befreit; so kann es am Ablauf gereinigt ins natürliche Milieu zurückgegeben werden.

Test auf Wasserqualität – Bei einigen Abwässern sind möglicherweise mehr als zwei Gruben nötig, um sie ordentlich zu klären. Daher ist es ratsam, die Qualität seines Wassers z. B. von einem Labor testen zu lassen, damit man eine Pflanzenkläranlage von geeignetem Umfang installiert. ■

»Bei der Pflanzenkläranlage handelt es sich um eine Technik zur Aufbereitung von ›Grauwasser‹, das aus unseren Duschen oder Waschmaschinen stammt, durch die Kombination von Pflanzen und Mikroorganismen. Das Ziel ist, sauberes Wasser an die Umwelt zurückzugeben.«

AUS CORENTINS TAGEBUCH

»WIR MACHTEN UNS AUF NACH AUROVILLE, ETWA ZEHN KILOMETER NÖRDLICH VON PONDICHERRY IM BUNDESSTAAT TAMIL NADU. DAS IST HIER EIGENTLICH NICHT MEHR INDIEN ...«

Auroville, das 1968 gegründet wurde, ist eine experimentelle Stadt, die sich über 20 Quadratkilometer erstreckt und heute 2.800 Einwohner aus 54 Nationen beherbergt.

Auroville ist eine experimentelle Stadt, die 1968 eingeweiht wurde. Ihre Gründerin war die Französin Mirra Alfassa, die hier jeder »die Mutter« nennt. Ihre Vision: eine universelle Stadt zu gründen, in der Menschen tatsächlich jenseits von Religion und Nationalität in Frieden und Harmonie leben können. Das mag wie eine wohlgemeinte Utopie klingen, aber der Ort spricht für sich. 50 Jahre nach Baubeginn ist die Wüste einer Stadt gewichen, die sich über 20 Quadratkilometer ausdehnt, von üppiger Vegetation umgeben ist und heute über 2.800 Einwohner aus 54 verschiedenen Nationen hat. Es gibt Schulen, ein Gesundheitszentrum und eine Bank. Und vor allem hat die Gemeinschaft einen Tropenwald mit 160 verschiedenen indigenen Arten auf über 28 Hektar wiedererstehen lassen – das entspricht Millionen Bäumen. Außerdem gehört ein Netz von 19 ökologisch geführten Bauernhöfen unterschiedlicher Größe zu Auroville.
Für mich ist Auroville außerdem ein Wallfahrtsort. Ich komme zum dritten Mal hierher, und dieser Ort und die

Das Team benutzt den Zug, um nach Auroville zu kommen, das circa zehn Kilometer nördlich von Pondicherry liegt.

»In diesem Universum, das aus dem Nichts entstanden ist, waren Low-Tech-Lösungen immer das Mittel der Wahl.«

Menschen, die ich hier getroffen habe, waren für meinen Lebensweg bestimmend. Denn in diesem Universum, das aus dem Nichts entstanden ist, waren Low-Tech-Lösungen immer das Mittel der Wahl.

HERAUSFORDERUNG: ESSENKOCHEN

Wir rechnen fest damit, von diesem Know-how zu profitieren, um eine ungelöste Herausforderung zu meistern: das Essenkochen. Bei dem Großteil unserer Etappen blieb dieses Problem ungelöst. Zwar hatten wir schon im Senegal mit der Biokohle, einer ökologischen und preisgünstigen Erfindung, experimentiert, doch leider lässt sie sich nicht überall herstellen – vor allem nicht auf einem Boot. Daher ist das, was uns am häufigsten ausgeht, der Brennstoff. Für dieses Problem also eine Low-Tech-Lösung zu finden, scheint am wichtigsten. Aber mit unserem Holzöfchen, das giftigen Rauch absondert, und

In Auroville, das Corentin nun zum dritten Mal besucht, trifft er alte Bekannte, allen voran Johnny, diesen Tüftler, der ihn von Anfang an inspiriert hat.

»Die Galionsfigur heißt Johnny: ein Australier von 74 Jahren, Architekt, Tüftelgenie, Pfiffikus und Nonkonformist. Er hat Tamil gelernt, eine der 22 Landessprachen, und ist seit 45 Jahren an der Entwicklung von Auroville beteiligt.«

unserem fehlerhaften Solarkocher sind wir derzeit noch weit von unserem Ziel entfernt!

JOHNNY – DER LOW-TECH-MEISTER

Bevor wir mit unseren Forschungen beginnen, richten wir uns zunächst in einer der 80 Gemeinschaften ein, aus denen Auroville besteht. Hier war ich auch untergekommen, als ich 2004 zum ersten Mal in Auroville war. Die Galionsfigur heißt Johnny: ein Australier von 74 Jahren, Architekt, Tüftelgenie, Pfiffikus und Nonkonformist. Er hat Tamil gelernt, eine der 22 Landessprachen, und ist seit 45 Jahren an der Entwicklung von Auroville beteiligt, speziell an der Konstruktion von zerlegbaren Häusern. Heutzutage verbringt er viel Zeit damit, sein Wissen an die Kinder der Gemeinschaft weiterzugeben. Auch das Wiedersehen mit ihm ist eine große Freude. Für mich als Student war

Für Corentin ist Auroville der konkrete Beweis, dass Low-Tech auch im großen Maßstab denkbar ist.

Johnny eine große Inspiration. Auch ihm verdanke ich die Erkenntnis, dass man mit wenig Material und viel Einfallsreichtum einfache Lösungen für komplizierte Probleme finden kann.

LOW-TECH IN JEDEM MASSSTAB

Auroville ist der konkrete Beweis, dass Low-Tech-Lösungen in großem Maßstab vorstellbar sind. Um uns ein genaueres Bild zu machen, begeben wir uns ins Gemeinschaftsrestaurant. Wem hier alles normal erscheint, der sollte seine Aufmerksamkeit zum Dach hin lenken. Der Ingenieur John hat hier eine Art sonderbare fliegende Untertasse von 15 Meter Durchmesser geschaffen: die Solarschüssel. Jeder ihrer 11.000 Spiegel reflektiert die Sonnenstrahlen wie eine Lupe und lenkt sie zu einem großen, wassergefüllten Rohr. Dadurch wird die Hitze so konzentriert, dass Dampf

»John hat hier eine sonderbare fliegende Untertasse von 15 Meter Durchmesser geschaffen: die Solarschüssel. Jeder ihrer 11.000 Spiegel reflektiert die Sonnenstrahlen wie eine Lupe und lenkt sie zu einem großen, wassergefüllten Rohr.«

»Dieser Kocher funktioniert nach dem Pyrolyseprinzip: Durch hohe Temperatur und minimale Luftzufuhr wird Holz in Kohle verwandelt, ohne zu Asche zu verbrennen. [...] ein Zaubermaschinchen für uns, die wir beim Kochen seit Monaten fast ersticken!«

entsteht. Dieser wiederum wird in die Küche geleitet, wo er das Essen der Aurovillianer erhitzt. Es handelt sich um ein Hybridsystem, bei dem Dieselbrenner und Solarkonzentratoren gekoppelt sind und gemeinsam die nötige Energie zum Kochen von 1.000 Mahlzeiten am Tag liefern. Dieses System bringt uns zum Träumen. Selbst in kleinem Maßstab wäre es unmöglich, es auf einem Boot nachzubauen, das dauernd seinen Kurs ändert und den Launen des Wetters unterworfen ist. Andererseits – die Sonne als Energiequelle spricht uns an, und ein anderes Low-Tech-System scheint vorstellbar: In eine Kiste, die mit einer Scheibe bedeckt ist, wird ein Behälter platziert, sodass nur noch die Sonne ihren Beitrag leisten muss. Wir beschließen, Johnny um Hilfe zu bitten, um einen Prototyp zu entwickeln, der leistungsfähiger ist als unserer, dessen schlechte Isolation zu Wärmeverlusten führt.

EIN NEUER KOCHER

Und während wir darauf warten, dass die Sonne tut, was sie soll, entscheiden wir uns, ebenso das andere System zu optimieren, mit dem wir unser Essen kochen können: den Holzofen.

In Auroville fertigen Corentin und Pierre-Alain einen neuen Kocher an, der weniger giftig, dafür aber ökologischer ist.

»Was mich jedes Mal fasziniert, wenn wir eine neue Low-Tech-Lösung austüfteln, ist, dass man mit denselben Werkzeugen, denselben Materialien, denselben Handgriffen unendlich viele Dingen herstellen kann. Begrenzt ist nur unsere Vorstellungskraft.«

Folgende Kriterien sind uns wichtig: Es soll wenig verbrauchen, leicht anzuzünden sein und nicht zu viel Qualm produzieren. Vor unserer Ankunft haben wir Kontakt mit der jungen indischen Wissenschaftlerin Deoyani aufgenommen. Sie kennt einen Kocher, der – auf dem Papier – all unsere Kriterien erfüllt. Er funktioniert nach dem Pyrolyseprinzip: Durch hohe Temperatur und minimale Luftzufuhr wird Holz in Kohle verwandelt, ohne zu Asche zu verbrennen. Für uns war es mit diesem Kocher Liebe auf den ersten Blick. Er braucht nur halb so viel Holz wie der, den wir auf dem Boot haben, und qualmt zudem überhaupt nicht: ein Zaubermaschinchen für uns, die wir beim Kochen seit Monaten fast ersticken! Ein Bonus: Dieses Modell produziert Kohle, die man zum Düngen verwenden kann. Es ist wirklich genial, mit so wenig Brennmaterial kochen zu können! Was mich jedes Mal fasziniert, wenn wir eine neue Low-Tech-Lösung austüfteln, ist, dass man mit denselben Werkzeugen, denselben Materialien, denselben Handgriffen unendlich viele Dingen herstellen kann. Begrenzt ist nur unsere Vorstellungskraft. Übrigens gab es bei der Gründung von Auroville all diese Low-Tech-Lösungen bereits. Johnny erinnert sich, dass er damals ein »Do it yourself«-Handbuch benutzte, um sein eigenes Haus zu bauen, seine Kinder zu unterrichten, seine Kleider anzufertigen – um einfach alles selber zu machen. In den 70er-Jahren war das eine Revolution. Aber letztlich hat sich seither nichts wirklich geändert.

WEITERGEBEN, UM DIE ZUKUNFT ZU VERÄNDERN

Nach dem Vorbild von Johnny und Deoyani beschließen wir, unsere Erfahrung mit den Kindern von Auroville zu teilen, und sind überrascht von der großen Freiheit ihres Unterrichtssystems. Die Kinder setzen sich zunächst selber Ziele und machen sich dann daran, auf verschiedenen Gebieten die nötigen Kenntnisse zu erwerben, um diese zu erreichen.

Ein Junge will z. B. Pilot werden, also macht er sich daran, ein Modellflugzeug zu bauen, um besser zu verstehen, wie ein echtes funktioniert. Motiviert von seinem Traum, befasst er sich den Großteil seiner Zeit mit Mathematik und Physik und lässt sich auch dann nicht entmutigen, wenn etwas schwierig erscheint.

Und so spürt man in Auroville wie nirgendwo sonst eine Leidenschaft dafür, die Welt von morgen zu entwickeln. Beim Abschied bin ich überzeugt, dass Low-Tech-Lösungen ein gangbarer Weg sein können – sowohl im kleinen als auch im großen Maßstab.

Und mit großer Freude heiße ich das neue Crewmitglied Johnny an Bord der NOMADE DES MERS willkommen. ■

BEGEGNUNG MIT **DEOYANI SARKHOT**

KOHLE - HAUSGEMACHT

Deoyani Sarkhot ist eine bedingungslose Aurovillianerin. Hier lebt und arbeitet sie seit 2012; d. h. seit sie in Florida in Bodenkunde promoviert hat – einem Teilgebiet der Geologie, das die chemischen und physikalischen Eigenschaften von Böden untersucht.

Bei dem Thema Auroville ist die 41-jährige Inderin aus Mumbai mit den kurzen Haaren und dem offenen Lächeln kaum zu bremsen: »Das Besondere an Auroville ist schwer zu beschreiben … Ich habe andere sehr schöne Ecken der Erde gesehen, aber hier scheint alles ganz besonders: die Landschaft, die Gemeinschaft, die Lebensphilosophie. Ich behaupte nicht, dass hier alles schön und einfach ist, denn das ist ein Ort, wo sich der Mensch an zahllosen Experimenten versucht, wovon manche misslingen! Aber ich bin Wissenschaftlerin, d. h., im Allgemeinen interessieren sich meine Mitstreiter nicht direkt für Fragen der Spiritualität. Hier in Auroville sind Wissenschaft und Spiritualität jedoch eins, denn die beiden sind in unserem täglichen Leben verbunden.« Tatsächlich ist es die Spiritualität der Aurovillianer, die den Alltag lenken sollte. Sie teilen bestimmte gemeinsame Werte, somit viele Ziele, die sie erreichen wollen, und arbeiten gemeinsam an ihrer Umsetzung.

Nach ihrem Studium in Florida arbeitete Deoyani eine Zeit in der Forschung in Kalifornien. Ihre Untersuchungen befassten sich mit der Verwendung von Kohle als Dünger, der den Böden hilft, die Feuchtigkeit zurückzuhalten.

Als sie in der Region von Pondicherry ankam, wurde diese gerade von dem Zyklon Thane heimgesucht. »Viele Bäume waren umgestürzt, und man hat mich

DIE TECHNIK DER BODENDÜNGUNG durch Unterpflügen von Holzkohle (Biokohle) scheint eine simple, schnelle, nachhaltige und sehr wirksame Innovation angesichts der Probleme der Bodendegradation. Durch ihren hohen Kohlenstoffgehalt kann die Holzkohle Mineralstoffe, Nährstoffe und Wasser im Boden binden und ein ideales Umfeld für Mikroorganismen schaffen, die die Basis für die Bodendüngung bilden. Diese Technik bietet sowohl ökologische wie wirtschaftliche und soziale Vorteile, da sie aus lokal vorhandenen und kostengünstigen Ressourcen auch in Regionen leicht umgesetzt werden kann, in denen die ländliche Armut hoch ist.

Deoyanis Idee: einen Kocher nach dem Pyrolyseprinzip zum Kochen benutzen und dann die entstandene Holzkohle zur späteren Weiterverwendung sammeln.

mit dem Versuch beauftragt, daraus Kohle zu gewinnen«, erzählt sie. Sie wollte folglich die örtlichen Bauern dafür gewinnen, diese Kohle zur Felderdüngung zu verwenden, stellte aber bald fest, dass gekaufte Kohle für sie zu teuer war. So suchte sie also nach technischen Möglichkeiten, wie sie Kohle auf möglichst ökologische Weise selbst herstellen konnten. »Meine Idee war ein Kochofen, der gleichzeitig Holzkohle produzierte. Diese konnte gesammelt und dann genutzt werden«, erläutert sie. Der Prototyp ihres Ofens wurde von Dr. Anderson, einem amerikanischen Professor, entworfen. Dessen Know-how gab sie an die Crew der NOMADE DES MERS weiter. Deoyani beschloss, sich für die Bildung zu engagieren, denn sie weiß, dass wohl die Bauern von Auroville ein ökologisches Bewusstsein entwickelt haben, die Kinder aber nicht unbedingt, und es daher sehr dringlich ist, sie so schnell wie möglich für diese Umweltprobleme zu sensibilisieren.

»Aber wenn ich aufhöre, hört alles auf!«, fügt sie bedauernd hinzu. Um den Prozess der Sensibilisierung voranzubringen, hat Deoyani daher inzwischen pädagogische Hilfsmittel zur Wahrung der Umwelt erarbeitet, die auch andere Lehrer nutzen können. ■

LOW-TECH IN ARBEIT

DER MINIGASOFEN

»Die Funktion des Minigasofens basiert auf der Verbrennung von Gas durch die sogenannte Pyrolyse. Jede Art der Verbrennung läuft in mehreren Etappen ab: Die Feuchtigkeit sinkt, dann steigt die Temperatur, und schließlich wird bei circa 200 °C die Phase der Pyrolyse erreicht. Das Prinzip dieses Kochers besteht darin, das Gas zu verbrennen, das in dieser Phase entsteht.«

Corentin

Schwierigkeit: einfach
Zeitaufwand: 1 Stunde

Für diese Low-Tech-Lösung braucht man:

Material
- 1 Stahlblech von 70 x 70 cm Größe und 2–3 mm Dicke
- 6 kleine, U-förmige Abstandhalter
- kleine Edelstahlschrauben

Werkzeug
- Schutzhandschuhe und -brille
- 1 Lineal
- 1 Schleifgerät
- Schweißgerät
- 1 Bohrschrauber mit 1 Stahlaufsatz von 6 mm Durchmesser

Als typische Low-Tech-Lösung macht es der sparsame Haushaltskocher möglich, die benötigte Menge an Brennstoff auf ein Drittel zu reduzieren und die Qualität der Verbrennung zu verbessern.

MINI-GASOFEN SELBST GEMACHT

ERSTE ARBEITSSTUFE: DIE INNENKAMMER

Legen Sie Schutzhandschuhe und Schutzbrille an. Schneiden Sie mit dem Winkelschleifer aus dem Stahlblech ein Rechteck von 15 cm Höhe und 35 cm Breite. Bohren Sie mithilfe des Bohrschraubers und dem 6-mm-Aufsatz über die gesamte Breite am oberen Rand eine Reihe Löcher. Biegen Sie dieses Rechteck nun mit der Hand zu einem Zylinder von 15 cm Höhe und 10 cm Durchmesser. Verbinden Sie mithilfe des Schweißgeräts die Ränder mit einer Schweißnaht. Schneiden Sie aus Ihrem Stahlblech eine Kreisscheibe mit demselben Durchmesser wie dem des Zylinders aus, sodass man den Zylinder damit unten verschließen kann. Bohren Sie viele Löcher in die Scheibe – wie bei einem Durchschlagsieb für die Küche – und schweißen Sie die durchlöcherte Scheibe als Boden an den Zylinder, um die Innenkammer zu verschließen.

ZWEITE ARBEITSSTUFE: DIE AUSSENKAMMER

Fertigen Sie auf dieselbe Weise wie bei der Innenkammer einen Zylinder von 18 cm Höhe und 12 cm Durchmesser an. Schließen Sie ihn mit einer Schweißnaht. Stellen Sie mit dem Bohrschrauber und seinem Aufsatz ebenfalls eine Krone aus Löchern her.

DRITTE ARBEITSSTUFE: MONTAGE DER BEIDEN KAMMERN

Schieben Sie die Innenkammer mit der Löcherkrone oben in die Außenkammer, deren Löcherkrone unten ist. Dabei stehen beide Kammern auf derselben Ebene.

Damit die Innenkammer zentriert und in ihrer Höhe gehalten wird, sind 5 kleine Abstandhalter in U-Form nötig.
Schrauben Sie den einen Schenkel jedes »U« mit den kleinen Edelstahlschrauben an die Außenseite der Innenkammer – und zwar in regelmäßigen Abständen knapp unter den Belüftungslöchern. Schrauben Sie nun den anderen Schenkel jedes »U« an der Innenseite der Außenkammer fest. Achten Sie bei diesem Arbeitsgang gut darauf, dass die beiden Kammern auf gleicher Höhe bleiben.
Achten Sie darauf, dass die beiden Kammern fest miteinander verbunden sind.

VIERTE ARBEITSSTUFE: DER DECKEL

Schneiden Sie aus dem Stahlblech eine Kreisscheibe von 13 cm Durchmesser und aus der Scheibe einen Kreis von 8 cm Durchmesser aus. So erhalten Sie einen Ring, der als Deckel dient.
Zentrieren Sie nun den Deckel oben auf die montierten 2 Kammern und schneiden Sie rundherum kleine Zungen von 1 cm ein, die Sie auf den Rand der Außenkammer umbiegen.

FÜNFTE ARBEITSSTUFE: ABZUGKAMIN

Fertigen Sie einen Zylinder von 8 cm Höhe und 9 cm Durchmesser an und bohren Sie an seinem Oberrand wieder kronenförmig eine Reihe Löcher. Verschweißen Sie ihn nun mit dem Innenrand des zuvor hergestellten Deckels. Das bildet die Auflage für Topf oder Pfanne und ist gleichzeitig der Abzugkamin.

MINIGASOFEN IM EINSATZ

Stellen Sie den Kocher draußen auf einer ebenen Fläche auf, auf der Hitze oder Feuer keine Gefahr darstellen, und schneiden Sie reichlich trockenes Holz in Stückchen von unter 10 cm Länge und unter 2 cm Breite. Nehmen Sie den Deckel des Kochers hoch und füllen Sie die Innenkammer mit dem Holz, indem Sie die Stücke waagerecht bis oben aufschichten.
Zünden Sie den Kocher an, und wenn das Holz gut brennt, legen Sie den Deckel wieder auf. Die Pyrolysephase ist erreicht, wenn blaue Flammen aus der Lochkrone der Innenkammer austreten. Stellen Sie Ihren Topf auf, und los geht's mit einer Brenndauer von bis zu 45 Minuten. Je nach Kochgut lassen sich nach und nach auch weitere Holzstücke hinzufügen. ■

Sie wollen mehr wissen?

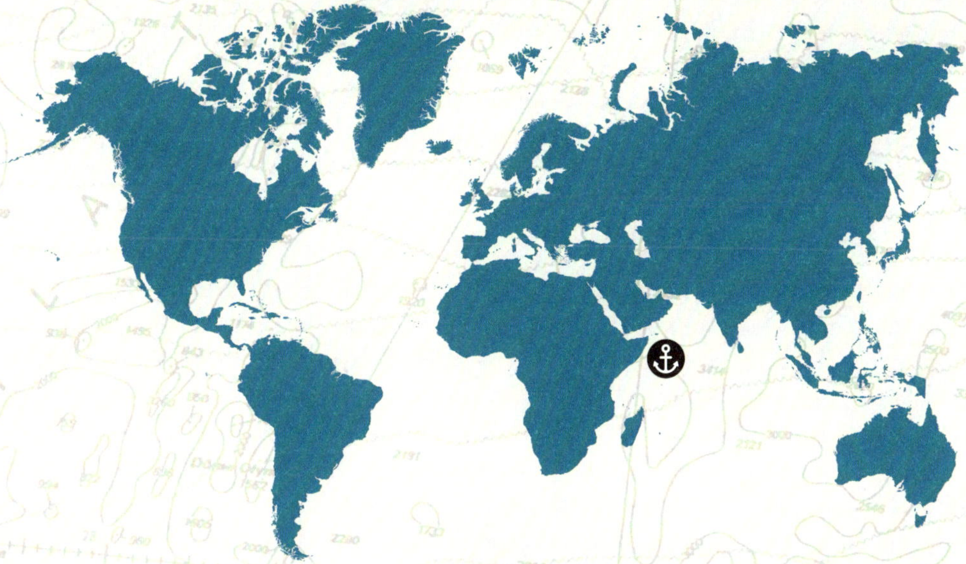

9

SRI LANKA

TRINCOMALEE

AUFGRUND SEINER GEOGRAFISCHEN LAGE UND SEINES EINZIGARTIGEN CHARAKTERS IST SRI LANKA SCHON SEIT JAHRHUNDERTEN EIN BELIEBTES REISEZIEL. VIELEN WIDRIGKEITEN WIE DEM BÜRGERKRIEG BIS 2009 ZUM TROTZ, HAT SICH DER TOURISMUS STETS GEHALTEN, UND SRI LANKA GEHÖRT ZU EINEM DER AM HÄUFIGSTEN BESUCHTEN LÄNDER DER WELT.

65.607 KM²

21 MILLIONEN EINWOHNER

334 EINWOHNER/KM²

IM FOKUS

- In Sri Lanka fallen täglich 7.000 Tonnen Abfälle an; zehn Prozent davon sind Plastik.
- Mit 1,6 Millionen Tonnen jährlich steht Sri Lanka an fünfter Stelle der Länder, die am meisten Plastik ins Meer entsorgen.
- Die Zahl ausländischer Touristen hat seit dem Ende des Bürgerkriegs um jährlich 20 Prozent zugenommen; allein im Februar 2018 kamen 235.600 Besucher nach Sri Lanka.

Hauptstadt: Sri Jayawardenepura Kotte

Bedeutende Städte: Colombo, Jaffna, Kandy, Anuradhapura, Trincomalee, Batticaloa, Mataraa

Amtssprachen: Sinhala, Tamil (Englisch wird verfassungsmäßig als Verkehrssprache anerkannt)

733
LOW

735

AUS CORENTINS TAGEBUCH

»SRI LANKA IST EIN WUNDERSCHÖNES LAND: BERGE, PARADIESISCHE STRÄNDE, EINE ÜBERWÄLTIGENDE FAUNA UND KULTURELLER REICHTUM.«

Die NOMADE DES MERS erreicht Trincomalee, einen kleinen Hafen im Nordosten von Sri Lanka.

Nach fünftägiger Fahrt und 300 nautischen Meilen, die wir gegen Winde und Strömungen zurücklegten, nähern wir uns schließlich Trincomalee, einem kleinen Hafen im Nordosten von Sri Lanka. Mit an Bord sind Jeanne, die Kamerafrau, die uns ein kleines Stück des Weges begleiten wird, Amandine und Johnny, der Aurovillianer mit der großen Leidenschaft für Low-Tech.

Er ist besonders aktiv auf dem Boot. Er hat uns Trockentoiletten konstruiert und sich zügig als Koch etabliert. Wir essen jeden Tag dasselbe: Idlis – indische Küchlein aus fermentiertem Reis und Bohnen –, und seiner Meinung nach gibt's nichts Besseres. Seit dem Ende des Bürgerkriegs auf Sri Lanka 2009 strömen jedes Jahr immer mehr Touristen aus aller Welt auf die Insel, die sich sehr schnell entwickelt, aber andererseits auch mit negativen Folgen für die Umwelt zu kämpfen hat. Tatsächlich steht Sri Lanka mit 1,6 Millionen Tonnen jährlich an fünfter Stelle unter den Ländern, die am meisten Plastik ins Meer entsorgen. Johnny erinnert sich sehr gut

Johnny, der Aurovillianer, der sich auf der NOMADE DES MERS eingeschifft hat, ist besonders aktiv an Bord und hat sich sogar blitzschnell als Koch etabliert.

an die Zeit, als Plastik seine Gegend in Indien erreichte. Vor 45 Jahren gab es das hier noch nicht, verbreitete sich aber schnell und macht heute 85 Prozent aller Abfälle aus. In Madras, dem heutigen Chennai, wo das Abwassersystem nicht auf all die Plastiktüten eingestellt war, hat die Verstopfung der Kanalisation zu fürchterlichen Überflutungen geführt.

VON PLASTIK ZU KRAFTSTOFF

Nachdem wir bei unserem Zwischenstopp in Brasilien Plastikabfällen durch Umformung in Figürchen ein zweites Leben gegeben haben, wollen wir nun versuchen, Kraftstoff aus Plastik zu machen.

Mit dem Zug fahren wir nach Galle im Südwesten des Landes, um Rohan Edirisooriya zu treffen, einen Wissenschaftler, der sich große Sorgen um das Verschmutzungsproblem macht. Er arbeitet an einem Kunststoffpyrolysator, dem Anlass unseres Kommens. Diese Maschine ist wie aus einem Science-Fiction-Film entsprungen, wird aber mit gut zugänglichen Materialien gefertigt: einem Metallfass, einem Kupferrohr, Aluminiumfolie und einigen Stücken Klebeband – ganz ohne Zweifel: Low-Tech!

Am Ort werden wir von der Stiftung Building for Future (BAF) untergebracht. Ziel dieser nationalen Organisation ist die Verbesserung der Lebensbedingungen für Bevölkerungsgruppen, die unterprivilegiert und von den Ressourcen des Meeres abhängig sind. Die BAF wurde nach dem Tsunami 2004 gegründet. Die mörderische Welle hatte in der Tat die Küsten verwüstet und alle Fischerboote zerstört. Heute bildet die Organisation hauptsächlich junge Leute im Bereich Schiffsmechanik

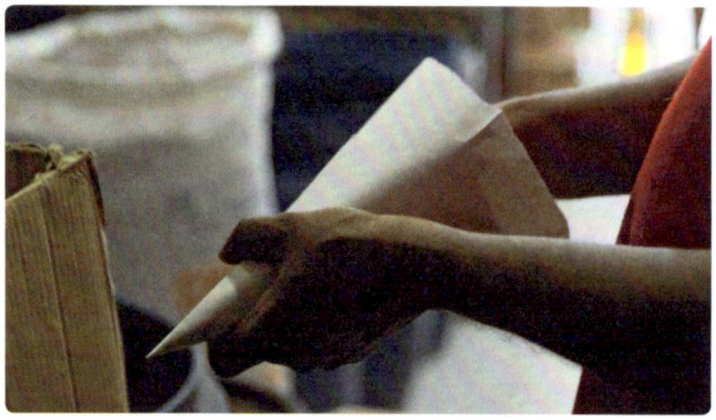

Johnny und Corentin nehmen die Herausforderung an, plastikfrei einzukaufen.

»Aber wirklich verrückt ist der Lebenszyklus einer Plastiktüte, von der Förderung des benötigten Erdöls bis zu seiner Herstellung und seiner Benutzung – nach nur wenigen Stunden wird die Tüte zumeist weggeschmissen ...!«

aus. Wir kennen die Mitarbeiter gut, denn sie haben mit der von mir gegründeten Organisation Gold of Bengal zur Erforschung der Jutefaser zusammengearbeitet. Da sie sich ebenfalls für diese Frage interessierten, hatten wir ihnen 2013 aus Bangladesch Jutefaser geschickt, was ihnen den Bau von zwei Booten ermöglichte.

PLASTIKFREI EINKAUFEN?

Die Altstadt von Galle ist sehr schön. Mit Johnny füllen wir die Nahrungsmittelbestände auf und beschließen, ein kleines Experiment zu starten: plastikfrei einkaufen! Wohlgemerkt: So können wir weder Kaffee noch Kekse und noch nicht einmal Milchpulver kaufen. Also versuchen wir, möglichst viel zu kaufen, das als Schüttgut angeboten wird und das wir in Papier einschlagen.

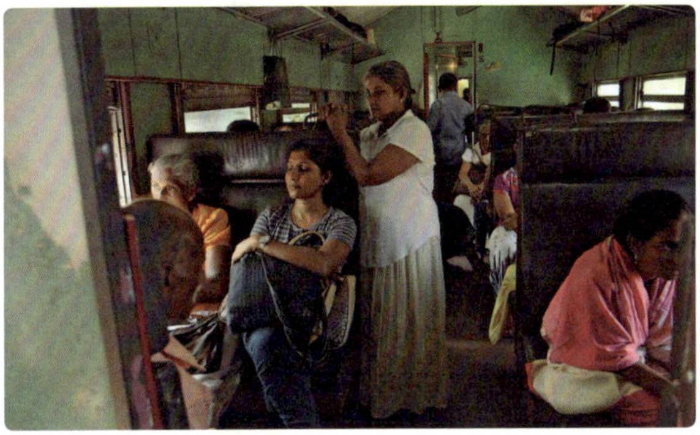

Das Team fährt nach Galle, wo junge Forscher Plastik in Kraftstoff umwandeln.

Die Händler verstehen das nicht immer, und ich lasse mich mit einem plastikverpackten Schokoriegel reinlegen ... Ich frage Johnny, wie wir es denn mit der Zahnpasta machen sollen, und er empfiehlt, Salz und doppeltkohlensaures Natron zu kaufen. Und da, so viel ist sicher, halten uns die Verkäufer endgültig für verrückt! Aber wirklich verrückt ist der Lebenszyklus einer Plastiktüte, von der Förderung des benötigten Erdöls bis zu seiner Herstellung und seiner Benutzung – nach nur wenigen Stunden wird die Tüte zumeist weggeschmissen ...!

DAS PLASTIKPYROLYSATOR-EXPERIMENT

Bevor wir uns mit Rohan treffen, testen wir einen ersten Prototyp eines Plastikpyrolysators und sind mit dem Ergebnis recht zufrieden – trotz eines kleinen Lecks. Der Vorgang ist wirklich einfach. Normalerweise wird Plastik aus Erdöl gemacht, und die Idee ist nun, den Prozess einfach umzukehren. Der Kunststoff wird durch Pyrolyse, also ohne Sauerstoff, auf 450 °C erhitzt, und am Ende des Verfahrens erhalten wir verschiedene Kraftstoffe (Benzin und Diesel) sowie Gas.

Rohan zeigt uns seine Maschine, die unterschiedliche Kunststoffe verarbeiten kann: Polypropylen, Polyethylen und Polystyren. Aus einem Kilogramm Polypropylen kann er 0,8 Liter eines Flüssiggemischs und zudem Gas gewinnen. Rohan hofft, dass die Dörfer in Zukunft ihre Plastiktüten zu Diesel umwandeln können. Daher möchte er seinen Prototyp so optimieren, dass ihn alle verwenden können. Allerdings müssen für die Verwendung der Maschine einige Parameter gut und sicher beherrscht werden, so z. B. muss aller Sauerstoff vor Beginn des Verfahrens entzogen werden, um jede Explosionsgefahr

»Es ist für uns nicht so leicht, das Plastik direkt am Strand aus den Abfällen zu sortieren.«

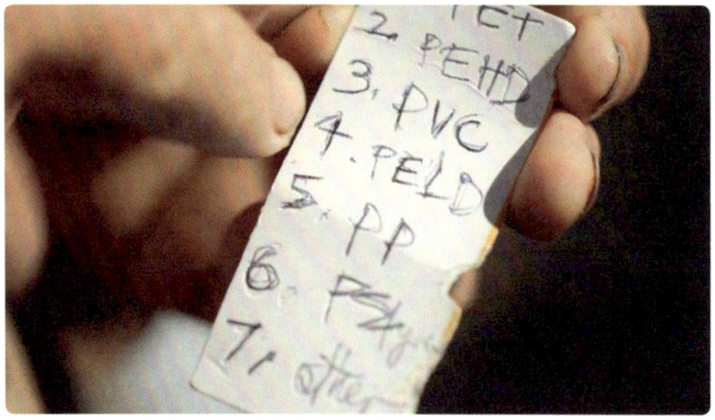

Für das Pyrolyseverfahren ist es wichtig, zunächst die verschiedenen bestehenden Plastiksorten zu ermitteln.

Aus einem Kilogramm Polypropylen lassen sich 800 Milliliter eines Flüssiggemischs und Gas gewinnen.

auszuschalten. Diese Erfindung ist genial! Sie macht es uns möglich, unsere Plastikabfälle auf dem Boot zu reduzieren, wobei noch nicht einmal giftige Gase in die Luft freigesetzt werden! Derartige Erfindungen sind oft weit genug fortgeschritten, um verbreitet zu werden. Deshalb versuchen Forscher wie Rohan, für sie erfolgreich einen für alle tauglichen Prototyp zu entwickeln. Seine Arbeit ist sehr wertvoll. Auf seinen Rat hin beschließen wir, uns ausschließlich auf die Plastiksorten zu konzentrieren, die er getestet hat (Polypropylen, Polyethylen, Polystyren). Aber es ist für uns nicht so leicht, das Plastik direkt am Strand aus den Abfällen zu sortieren.

Langsam wird sich Sri Lanka der Probleme der Abfallentsorgung bewusst und fängt an, sich zu organisieren. So fahren jeden Morgen kommunale Lkw in Galle durch die Straßen, um wiederverwertbares Plastik aufzusammeln, das am Vorabend von den Händlern aussortiert wurde. Eine Fundgrube, die Amandine nutzen will, um an die Kunststoffe zu kommen, die wir brauchen. So stößt sie auf Boudika, einen der Vertreter des städtischen Gesundheitsamts. Er erklärt ihr, dass in Galle und Umgebung täglich 50 Tonnen Abfälle gesammelt werden, von denen circa 60 Prozent organische Abfälle sind, die dann kompostiert werden. Der Rest wird sortiert – Papier und Pappe werden von Plastik getrennt –, was nicht recycelt werden kann, wird jedoch vergraben. Ich bin von der Idee begeistert, dass wir mit nur ein paar Töpfen und einem Kupferrohr Plastikabfall, der normalerweise vergraben oder sich im Ozean verlieren würde, in etwas Nützliches verwandeln können – und zwar ohne eine umfangreiche Infrastruktur, sondern direkt zu Hause.

Ein Kilogramm Plastik ergibt im Mittel 0,8 Liter Kraftstoff.

DIE STUNDE DER WAHRHEIT

Ich möchte mich selbst davon überzeugen, ob das Ergebnis wirklich Kraftstoff ist, und begebe mich in eine Autowerkstatt. Wir injizieren unser Dieselöl ohne Umweg über den Tank direkt in einen Motor, damit wir die Reaktion unmittelbar beobachten können.

Um den Motor zu schonen – man weiß ja nie –, mischen wir unseren Diesel mit einem konventionellen Kraftstoff. Ergebnis: Der Motor dreht und macht sogar ein normales Geräusch! Ich beschließe, in Zukunft weitere Tests mit einer größeren Menge unseres Kraftstoffs durchzuführen, aber bis hierher war alles sehr ermutigend. Dennoch muss ich mich der Frage nach der Rentabilität dieses Low-Tech-Kraftstoffs widmen, denn man muss zugeben, dass die Dieselproduktion durch Pyrolyse auch Energie verbraucht, und ich muss noch berechnen, wie viel das ist. Wie auch immer: Ein Kilogramm Plastik ergibt im Mittel 0,8 Liter Kraftstoff, und das ist sehr vielversprechend. Als unser Tag vorbei ist, kommen wir noch rechtzeitig zum Mondfest in Trincomalee, zu dem die Straßen herrlich geschmückt werden. Ein wunderschönes letztes Bild für Amandine, die nach Frankreich zurückkehrt! Die NOMADE DES MERS sticht am 22. Juni wieder in See, mit Kurs auf Thailand und in Gesellschaft von Jeanne und Johnny. ■

BEGEGNUNG MIT **ROHAN EDIRISOORIYA**

PLASTIKDIESEL IM TANK

Rohan promovierte 2015 an der Universität von Ruhuna im Bezirk Galle. Am Anfang steht eine These zur Erforschung der Umwandlung von Plastik in Kraftstoff.

»Unsere Bevölkerung leidet enorm unter der schlechten Abfallentsorgung auf Sri Lanka«, meint der aus Thanamalwil im Südwesten des Landes stammende Rohan. »Aus diesem Grund interessiere ich mich für die verschiedenen Möglichkeiten einer Verbesserung.«

Auf Sri Lanka fallen täglich 7.000 Tonnen Plastikabfälle an, und ein großer Teil davon landet auf den Stränden des Landes. Als Rohan noch Student war, brachte ihn diese Feststellung dazu, seine Professoren zu fragen, wie man die wissenschaftlichen Errungenschaften dazu nutzen könne, nicht biologisch abbaubares Material zu recyceln.

Auf Rat seiner beiden Mentoren beginnt er 2010 mit seiner Dissertation im Ingenieurwesen. Sie befasst sich mit der Pyrolyse von Plastik und dessen Umwandlung in Kraftstoff. Ihm wird schnell klar, dass dieses Verfahren ökologisch interessant sein könnte, da es nicht mit toxischen Dämpfen einhergeht.

Die Universität von Ruhuna finanziert heute die Verwertung der Technologie, die Rohan umgesetzt hat, im Hinblick auf ihre Kommerzialisierung. Und einige Organisationen haben bereits ihre Absicht bekundet,

RUND UM DIE WELT DANK WIEDERVERWERTETEM PLASTIK; das ist das Projekt von Plastic Odyssey – vier jungen Männern, die sich derzeit an die Ausrüstung eines 25 Meter langen Katamarans machen, der ausschließlich mit Plastik angetrieben wird. Sie haben den Ehrgeiz, mittels dieser Wiederverwertung den Globus als Selbstversorger zu umrunden. Die Abfälle werden bei jeder Etappe vor Ort gesammelt, an Bord sortiert, und Kunststoffe, die nicht recycelfähig sind, werden zu Kraftstoff für die Motoren ihres Bootes umgewandelt.

Heute finanziert die Universität von Ruhuna die Verwertung der Technologie, die Rohan umgesetzt hat, im Hinblick auf ihre Kommerzialisierung.

sich dieser Low-Tech-Lösung zur Entsorgung ihrer Plastikabfälle zu bedienen – eine Erkenntnis, die die Behörden dazu bringen wird, diese Technologie in naher Zukunft zu übernehmen, hofft Rohan. »Die Low-Tech-Forschung bleibt ein gutes Mittel, um auf technische Verfahren aufmerksam zu machen, die in großem Maßstab Einfluss auf unsere Umwelt haben könnten«, so der 35-jährige Forscher und Vater von drei Kindern. Rohan lehrt inzwischen an der Universität, die seine Forschungsarbeit unterstützt hat. In seiner Freizeit hilft er seinem ältesten Sohn Rusiru, elf Jahre, ein System der Solarbeleuchtung für Haushalte mit knapper oder völlig fehlender Stromversorgung zu entwickeln. ■

ZUM PRINZIP EINER LOW-TECH-LÖSUNG

DIE PLASTIKPYROLYSE

»Durch das Verfahren der Plastikpyrolyse können Erdöl-basierte Abfälle aufbereitet werden. Auf industrieller Ebene wird das Prinzip schon umgesetzt. Die Idee ist nun, dasselbe für nicht recycelbares Plastik im häuslichen Maßstab möglich zu machen. Auf Sri Lanka hat man den ersten kleinen Prototyp getestet. Das Prinzip ist einfach: Man füllt Plastik in ein Gefäß, das auf über 400 °C erhitzt wird. Die entstehenden Gase können nur über ein einziges Rohr im Gefäßdeckel entweichen. Dieses verbindet das Gefäß mit weiteren Behältern. Die Gase im Rohr kühlen nach und nach ab und kondensieren zu Kohlenwasserstoffen, die in den weiteren Gefäßen aufgefangen werden. Wird ein Gefäß weggenommen, ergeben sich leichte Kohlenwasserstoffe. Zwischen 170 und 390 °C z. B. wird aus dem kondensierten Gas Dieselöl. Mithilfe dieses Systems kann man aus einem Kilogramm Plastik bis zu 800 Gramm Kraftstoff gewinnen!«

Corentin

PLASTIKPYROLYSE – WAS IST DAS?

Die Plastikpyrolyse ist eine Technik, mit der Plastik in Kraftstoff umgewandelt wird. Die gewonnenen Kraftstoffe lassen sich vielfältig einsetzen, etwa zum Betrieb eines Verbrennungsmotors oder als Brennstoff eines Mehrstoffkochers, wie sie in vielen Ländern genutzt werden. Da sie in kleinem Maßstab gebaut werden können, könnten sie auch dazu beitragen, dass sich Plastikabfälle zu einem höheren Wert verkaufen lassen.
Diese Low-Tech-Lösung scheint eine mögliche Antwort auf eines der großen Probleme unseres Jahrhunderts: die Umweltverschmutzung durch Plastik. In jeder Minute erreichen 18 Tonnen Plastik den Ozean. Der Abbau von Kunststoffen braucht bis zu 1.000 Jahre, und das hat verhängnisvolle Konsequenzen für die Artenvielfalt. Schuld daran ist der Mangel an strukturierten Entsorgungsketten für Plastikabfälle, die in vielen Ländern einfach in die Natur geschmissen werden.

WIE FUNKTIONIERT DAS?

Das Pyrolysesystem kann schematisch durch drei aufeinanderfolgende »Schnellkochtöpfe« dargestellt werden, die untereinander über ihre Deckel mit einem Rohr verbunden sind.

Die Pyrolysereaktion – Die Pyrolyse läuft im ersten Gefäß, dem Reaktor, ab, das auf einen Gaskocher platziert wird. Nachdem es mit Plastikabfällen gefüllt wurde, wird es verschlossen und auf den Kocher gesetzt. Sobald die Temperatur 400 °C überschreitet, setzt die Pyrolysereaktion ein: Unter der Hitzeeinwirkung wandeln sich die Plastikmoleküle in Gas um.

Gasdurchfluss – Für die Gase gibt es keinen anderen Weg, als nacheinander über die Rohrleitung zum zweiten und dann dritten Gefäß zu strömen, die beide nicht auf dem Feuer stehen.

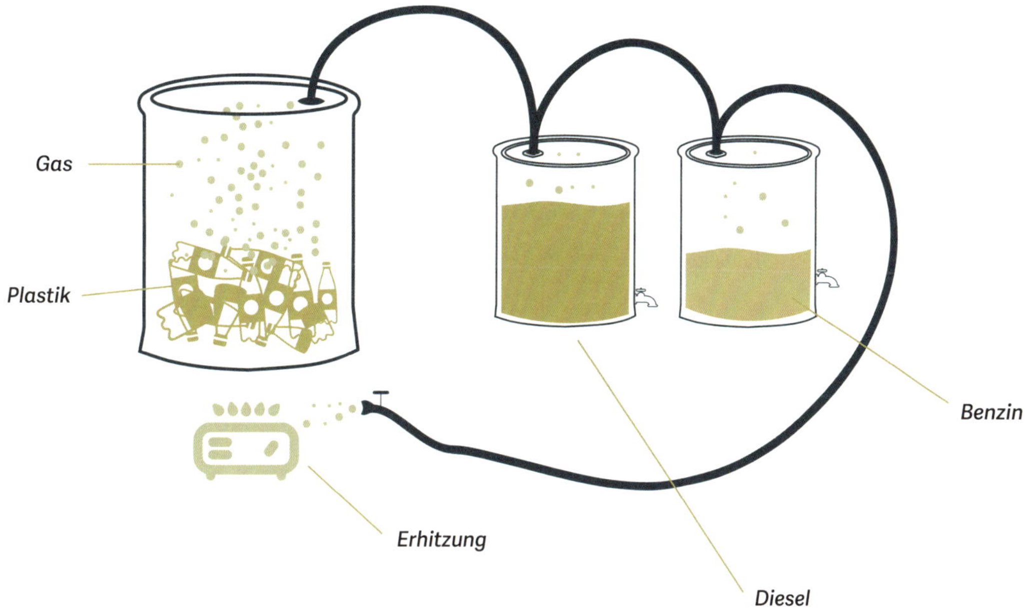

Auf diesem Weg nimmt die Gastemperatur ab. Im zweiten Behälter beträgt die Temperatur immer noch 300 °C: Hier kondensiert ein Teil der Gase zu Diesel/Kerosin-ähnlichen Kraftstoffen. Im dritten Behälter, in dem die Temperatur noch weiter bis auf 150 °C sinkt, kann dann Benzin gewonnen werden.
Das Gas, das am Ausgang des dritten Behälters noch nicht kondensiert ist, strömt zurück zum Gaskocher, in dem es der Erhitzung des Reaktors dient.

Die Kraftstoffentnahme – Sobald die Plastikfüllung im großen Fass völlig pyrolysiert ist, kann der Gasofen abgeschaltet werden. Danach können die Kraftstoffe aus den verschiedenen kleineren Behältern entnommen werden. ■

»Diese Low-Tech-Lösung scheint eine mögliche Antwort auf eines der großen Probleme unseres Jahrhunderts: die Umweltverschmutzung durch Plastik. In jeder Minute erreichen 18 Tonnen Plastik den Ozean.«

LOW
TECH

10

THAILAND

PHUKET – THALANG

THAILAND, DAS TOURISTENZIEL PAR EXCELLENCE, IST INTERNATIONAL BEKANNT FÜR SEINE HERVORRAGENDE KÜCHE. SEIT KURZEM ENTWICKELT SICH DAS LAND ÜBERDIES IN DEN BEREICHEN INSEKTEN- UND PILZZUCHT ZU EINEM VORREITER.

513.120 KM^2

68,8 MILLIONEN EINWOHNER

135 EINWOHNER/KM^2

IM FOKUS

- 20.000 Insektenzuchtstationen gibt es in Thailand, und seit 2018 kann das Land seine Insekten in die Europäische Union exportieren.
- Mehr als die Hälfte der Tierarten auf der Erde sind Insekten. Das entspricht über 1 Million Arten, von denen 1.900 essbar sind.
- 50 Gramm Grillen liefern den Eiweißgehalt von einem Ei.
- Weltweit sind 14,5 Prozent der Emissionen von Treibhausgasen auf die Tierzucht zurückzuführen.
- 300 Kilogramm an Treibhausgasen werden für ein Kilogramm Rindfleisch ausgestoßen gegenüber nur 20 Kilogramm für ein Kilogramm Würmer.
- Seit den 30er-Jahren produziert Thailand Pilze im industriellen Maßstab. Heute fördert die Regierung ihre Produktion in ländlichen Gebieten.
- Fünf bis sechs Tonnen Pilze werden täglich auf Phuket konsumiert.

Hauptstadt: Bangkok

Bedeutende Städte: Chiang Mai, Nakhon Ratchasima (Korat), Udon Thani, Hat Yai, Pattaya

Amtssprache: Thai

AUS CORENTINS TAGEBUCH

»DIE INSEL PHUKET IST EINE BESONDERE GEGEND: DER SÜDEN QUILLT ÜBER VON HOSTESSENBARS, UND AUCH DER WESTEN IST SEHR TOURISTISCH. DAS HINTERLAND IM NORDEN IST IM GEGENSATZ URSPRÜNGLICHER UND SEHR SCHÖN GEBLIEBEN.«

Die NOMADE DES MERS geht vor Phuket vor Anker.

Von Sri Lanka dauerte es acht Tage, bis wir Thailand erreichen. Die Durchquerung des Golfs von Bengalen ist recht sportlich: Gleich nach einem Zyklon ist das Meer noch sehr aufgewühlt, doch befinden wir uns nun auf den überwältigenden Inseln im Südwesten des Landes.
Olivier schließt sich uns für diese Etappe an. Der Techniklehrer aus der Normandie, passionierter Low-Techer und Segler, hatte sich angeboten, uns zu unterstützen. Ich habe das Gefühl, dass wir es uns hier gut gehen lassen werden. Olivier ist das erste Mal in Thailand, und ich bin sicher, dass wir hier das beste Essen der ganzen Expedition bekommen werden. Was Jeanne angeht, so ist sie ins Herz des Landes aufgebrochen, um so viele Erfindungen wie möglich zu erfassen, und Amandine ist nach Concarneau zurückgekehrt.

Thailand ist der erste Produzent von Speiseinsekten weltweit.

»Insekten könnten die Nahrung der Zukunft werden: Sie brauchen wenig Platz und Ressourcen zum Wachsen, während 15 Tonnen Wasser nötig sind, um ein einziges Kilogramm Rindfleisch zu erzeugen.«

THAILAND – FÜHRENDER PRODUZENT VON SPEISEINSEKTEN

Thailand ist Weltführer in der Insektenzucht. Ich habe gehört, dass Insekten die Nahrung der Zukunft werden könnten, denn sie brauchen wenig Platz und Ressourcen zum Wachsen, während ganze 15 Tonnen Wasser nötig sind, um ein einziges Kilogramm Rindfleisch zu erzeugen. Die Menge an Treibhausgasen, die durch die Rinderzucht entstehen, scheint höher zu sein als die des gesamten Verkehrs! Ich habe sogar gelesen, dass ein vegetarischer Autofahrer besser abschneidet als ein fleischessender Radfahrer. Und schließlich: 2 Milliarden Menschen auf der Welt essen schon regelmäßig Insekten. Was mich betrifft, finde ich die Tatsache, dass ich hierbei meine eigene Nahrung auch selber töten muss, ebenfalls bedenkenswert.

INSECTO-OVO-LACTO-VEGETARIER

Ich habe vergeblich versucht, einen Namen für meine Ernährungsweise zu finden. Es gibt viele Begriffe:
- Veganer: isst keine tierischen Produkte (kein Fleisch, keinen Fisch, keine Milch, keine Eier, keinen Honig);
- Ovo-lacto-Vegetarier: isst kein Fleisch, aber Milchprodukte und Eier;
- Frutarier: isst Früchte, Nüsse, Bohnen, Zerealien, aber keine Knollen oder Blätter, da das die Pflanze schädigt;
- Rohköstler: gart Nahrungsmittel nicht.

Das Problem ist, dass ich Insekten esse, was mich automatisch aus all diesen Kategorien ausschließt … Ich könnte mich als Insecto-ovo-lacto-Vegetarier bezeichnen, aber sehr praktisch ist das nicht, wenn man zum Essen eingeladen ist:
- Sie essen alles?
- Nein, ich bin Insecto-ovo-lacto-Vegetarier.
- Ach so …

Mit ein wenig Nachdenken ist mir dann klar geworden, dass die Ernährung, der ich mich annähere, die

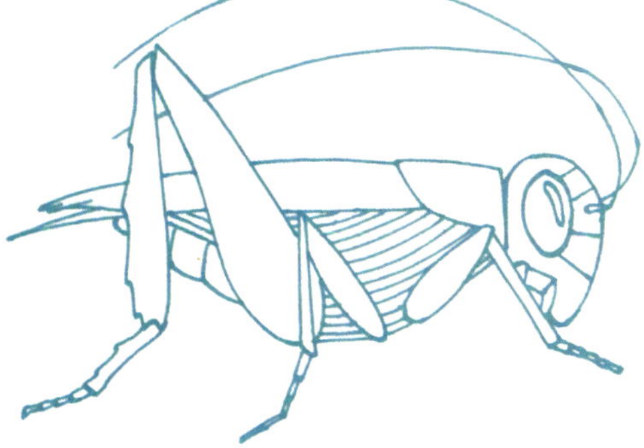

Nach über einem Jahr auf der NOMADE DES MERS beschloss Corentin in Phuket-Stadt, etwas für seine Gesundheit zu tun.

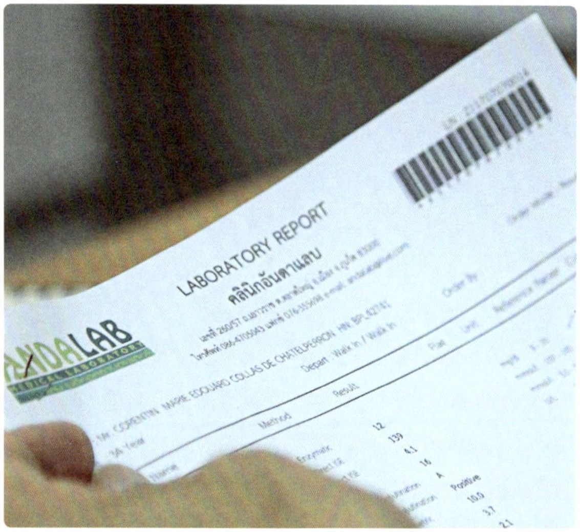

von Hühnern ist: Sie essen Insekten und Früchte und Gemüse – alles durcheinander.

- Essen Sie alles?
- Nein, ich esse dasselbe wie Hühner.
- Ah, verstehe!

Vor dieser Weltreise habe ich eine Blutanalyse machen lassen, um zu sehen, wie mein Stoffwechsel sich während der Reise verhält. Ich liebe Fleisch, aber ich hatte beschlossen, es mit vegetarischer Kost zu versuchen, um meinen ökologischen Fußabdruck radikal zu verkleinern. Da sich meine Ernährung nun schon vor anderthalb Jahren geändert hat, habe ich mich zu einem Arzt in Phuket-Stadt begeben, um meine aktuellen Werte überprüfen zu lassen. Die Ergebnisse sind erstaunlich: Anders als man glauben möchte, ist mein Gesundheitszustand besser als bei meiner Abfahrt von Concarneau! Es wird allerdings ein leichter Folsäuremangel diagnostiziert – der auf fehlendes grünes Gemüse zurückgeführt wird – und ein Mangel an Vitamin B_{12}, da dieses ausschließlich in tierischer Nahrung vorkommt. Der Arzt versichert mir aber: Vitamin B_{12} findet sich auch in Insekten, die ja auch Tiere sind.

»Ich liebe Fleisch, aber ich hatte beschlossen, es mit vegetarischer Kost zu versuchen, um meinen ökologischen Fußabdruck radikal zu verkleinern.«

In Thailand werden Insekten als Snacks verzehrt – nach regional sehr unterschiedlichen Rezepten.

WÜRMER, KAKERLAKEN ODER GRILLEN?

Mit Olivier begeben wir uns zur Boat Plaza, einem der beliebten Märkte von Phuket. Dort wollen wir das finden, was meine Defizite einigermaßen behebt. Wir züchten natürlich schon einige Würmer auf dem Boot, aber diese Produktion scheint mir nicht zufriedenstellend und bedarf täglicher Pflege, was doch ein ziemlicher Aufwand ist. Ich besitze auch noch die Grillen, die ich in Brasilien bekommen habe. Aber ich glaube, ich habe nicht die richtige Zuchttechnik: Man hatte mir empfohlen, hin und wieder welche zum Essen zu entnehmen, aber das ist mühsam, denn man darf dabei nur erwachsene Grillen fangen. Und zum Geschmack: Ich muss noch Gourmetrezepte für sie finden – vielleicht sollte ich »Grille bourgignonne« versuchen?
Seit Sri Lanka haben wir auch eine Kakerlakeninvasion an Bord, aber wir wagen nicht, sie zu essen, da wir nicht wissen, was sie selbst gegessen haben. Man muss wissen: Als Johnny hier noch kochte, hat er wirklich überall Nahrungsmittel untergebracht …!

»Mit Olivier begeben wir uns zur Boat Plaza, einem der beliebten Märkte von Phuket. Dort wollen wir das finden, was meine Defizite einigermaßen behebt. Wir züchten natürlich schon einige Würmer auf dem Boot, aber diese Produktion scheint mir nicht zufriedenstellend und bedarf täglicher Pflege, was doch ein ziemlicher Aufwand ist.«

In Thailand gesellt sich Olivier zu Corentin; er unterrichtet Technik in der Normandie und ist passionierter Low-Techer und Segler (siehe S. 22/23).

»Bei den Insekten kommen wir schnell auf den Geschmack; er erinnert ein bisschen an die Garnelen in der Bretagne.«

INSEKTEN-BÜTTERCHEN

Bei den Insekten kommen wir ganz schnell auf den Geschmack; er erinnert ein bisschen an die Garnelen in der Bretagne – und ich muss unbedingt mal Insekten mit Brot und gesalzener Butter versuchen!

In Thailand werden sie als Snacks verzehrt, und die Gebräuche sind von Region zu Region verschieden. Mir scheint, das ist in etwa so wie mit den Schnecken oder den Austern in Frankreich: Nicht jeder isst sie. Wie auch immer, in Thailand ist die Insektenzucht Erfolg versprechend, seit die Regierung ein interessantes Schulprogramm eingeführt hat. Die Kinder können Grillen in der Schule züchten, was wiederum die Eltern motiviert, dasselbe zu tun, anstatt sie im Wald »abzupflücken«. Manche Kinder haben nach Abschluss der Schule sogar das Insektenzüchten zu ihrem Metier gemacht, und so verbreitet es sich Schritt für Schritt im ganzen Land.

Was mich betrifft, so frage ich mich, wie groß meine Zucht sein muss, wenn ich täglich davon essen will. Um uns ein wenig beraten zu lassen, treffen wir uns zum ersten Mal mit Alex, der Larven besitzt: eine Tierzucht, die weder viel Zeit noch viel Platz braucht. Was auf dem Papier ideal aussieht, ist schwer auf das Boot zu übertragen: erstens weil die Larven zum Wachsen auf die Siegellackpalme angewiesen sind – ein Baum, der auch auf Phuket sehr rar ist; und zweitens ist ihr Geruch recht streng. Das ist schade, denn ich mag ihre

Tui erklärt Corentin, wie er seine Grillenzucht optimieren kann: indem er sie nach Generationen organisiert.

Konsistenz wenn sie kurz gebraten sind, und finde selbst ihren Geschmack angenehm.

EINMAL GRILLEN, IMMER GRILLEN

Alex empfiehlt uns, Tui zu treffen. Tui arbeitet in einem Hotel und hat sich an die Aufzucht von Grillen gewagt, nachdem er sich mithilfe des Internets vorbereitet hatte. Sie fressen zwar etwas mehr als ihre Larven, sind jedoch mit derselben Nahrung wie die Hühner plus ein wenig Wasser zufrieden. Tui zeigt mir, wie sich meine Grillenkultur besser nach dem Generationenprinzip meistern lässt. Die Grillen werden nach Alter getrennt untergebracht und erst nach der Eiablage – als erwachsene Tiere – gegessen. Danach bleibt nur, geduldig zu warten, bis nach etwa 45 Tagen die nächste Generation herangewachsen ist. Dieses System scheint viel einfacher zu sein, als wie bei den Würmern zu versuchen, nur erwachsene Tiere zu fangen! Und auf diesem Weg erhalte ich große Ernten, die ich dörre und nach und nach verspeise. Ich habe sogar ein Grillenrezept gefunden, bei dem man sie mit Knoblauch, Salz und Pfeffer in Öl röstet. Der Eiweißgehalt beträgt bei frischen Tieren 15 Prozent, bei gedörrten 60 Prozent. Mein Ziel ist es, von jetzt ab 50 bis 100 Gramm täglich zu verzehren. Am 13. Juli organisieren wir einen kleinen Törn mit Olivier, Alex und Tui. Den werden Alex und Tui nutzen, um ihr Aufzuchtsystem an Bord zu installieren. Für mich stehen diese beiden für die Menschen, die auf lokaler Ebene auf ein Problem oder einen Bedarf reagieren wollen und die, vor allem dank Internet, auch Mittel hierfür finden. Das gibt Hoffnung, denn es bedeutet, dass sich die Welt mit unglaublicher Geschwindigkeit verändern kann. ■

BEGEGNUNG MIT **WINYU SAWETSUTTIPAN**

GRILLEN ALS NAHRUNG

Winyu Sawetsuttipan, genannt »Tui«, arbeitet in einem Hotel. Seit drei Jahren aber widmet er seine Freizeit der Aufzucht eines Tieres, das gegen alle Erwartungen essbar ist: der Grille.

»Für mich ist die Grille das beste Insekt«, beteuert der 42-Jährige. Tui, der auf Phuket geboren ist und immer dort gelebt hat, besuchte eine Grillenfarm im Nordosten des Landes, um seine Kenntnisse zur Grillenzucht zu perfektionieren.

»Zuerst habe ich mich im Internet informiert, dann wollte ich sehen, wie eine solche Zucht tatsächlich aussieht. Hier in der Gegend gab es solche Farmen nicht, obwohl 30 Prozent der Grillenkonsumenten hier im Süden leben«, erläutert er und fügt hinzu, dass seine Region sich eher auf die Zucht von Würmern spezialisiert hat. Und schließlich entwickelte Tui zwischen Internetrecherche und Farmbesuch sein eigenes Zuchtsystem. Heute produziert er neben seiner Arbeit als Hotelconcierge monatlich 130 Kilogramm Grillen.

Seine Zuchtstation ist nach Generationen, auf der Basis eines Entwicklungszyklus von 45 Tagen organisiert. Danach verkauft er die Grillen auf den Märkten.

Normalerweise füttert er die Grillen mit Mais und Muschelschalen; Letztere sichern die Kalziumzufuhr. Für einen besseren Geschmack empfiehlt Tui, die Nah-

DER VERZEHR VON INSEKTEN LÖST AUF DEM EUROPÄISCHEN KONTINENT noch immer unterschiedliche Reaktionen aus. Im Weltmaßstab ist er jedoch keineswegs selten. Auch wenn diese Form der Ernährung für fast 2,5 Milliarden Menschen Normalität ist, so steckt die »Entomophagie« für andere noch in den Kinderschuhen! Seit Tausenden von Jahren werden Insekten in zahlreichen Gegenden des Planeten, speziell in Afrika, Südamerika, Australien und Indonesien, verzehrt. Und auf Betreiben der FAQ (Ernährungs- und Landwirtschaftsorganisation der Vereinten Nationen) befassen sich heute auch einige europäische Länder mit der Aufzucht essbarer Insekten.

Tui ist überzeugt: Die Insektenzucht dient allen und bietet zudem eine verbesserte Eiweißzufuhr bei gleichzeitig geringeren Auswirkungen auf die Umwelt.

rung der Insekten kurz vor ihrem Verzehr zu ändern. »Auf ihrem Speiseplan stehen dann Kürbis und Ei. So haben sie nichts anderes im Magen, wenn ich sie verkaufe, und schmecken besser!«

Tui scheint überzeugt: Nicht nur sind Insekten köstlich (er zieht eine schlichte Zubereitung vor: einfach kurz braten), auch ihre Aufzucht ist für jeden möglich. Durch Insekten lässt sich die Eiweißzufuhr bei geringeren Umweltauswirkungen aufstocken.

»Die Franzosen müssten sich dieser Idee annehmen!«, meint er begeistert. »Sie würden köstliche Rezepte erfinden. Man kann aus Grillen z. B. auch Mehl oder sogar Saft herstellen. Das machen sie in Südkorea, und das ist sehr gut. Corentin könnte einer der Ersten sein, der die Insekten dem Rest der Welt nahebringt, wie der erste Reisende, der den Kaffee aus Afrika mitgebracht hat. Auch er könnte ein Pionier werden.« Es bleiben nur noch ein paar psychologische Barrieren zu überwinden, damit diese kulinarische Gepflogenheit, die in Südostasien schon fest verankert ist, überall auf der Welt angenommen wird.

In der Zwischenzeit hütet Tui ein Souvenir für seinen kurzen Aufenthalt an Bord der NOMADE DES MERS, wo er sein Aufzuchtsystem installiert hat – in Form einer Dose, die bis zu zwei Kilogramm Grillen fasst und von Corentin Tag für Tag verwendet wird. ■

LOW-TECH-PROJEKT IN ARBEIT

DIE GRILLENZUCHT

»Grillen esse ich in Thailand praktisch jeden Tag! Zusammen mit den Eiern meiner Hühner ermöglichen sie mir eine fortwährend konstante Eiweißaufnahme bei sehr begrenztem Platz für die Zucht und geringer Futtermenge.«

Corentin

Schwierigkeit: mittel
Zeitaufwand: 45 Tage

Für diese Low-Tech-Lösung braucht man:

- 1 Aufzuchtbehälter, der nicht luftdicht ist (1 x 0,5 x 0,5 m), mit glatten Wänden und einer Gitteröffnung oben
- Kartons (Typ Eierkarton) in einer Menge, die ausreicht, den ganzen Behälter zu füllen
- 1 transparenter Plastikbecher
- Wasser
- 1 flache Schale
- 1 feinmaschiges Gitternetz mit den Abmessungen der Schale
- 1 Holzplatte/Tablett mit Rand (30 x 30 cm)
- 1 Plastikdose von 3 cm Höhe und 15 cm Durchmesser
- Kokosfaser (oder zerstoßene Trockenmasse) in einer Menge, die ausreicht, um die kleine Dose zu füllen
- 200 g lebende essbare Grillen
- 5 kg fein gemahlener Weizen (oder anderes pulverisiertes Getreide)
- pflanzliche Abfälle (z. B. Schalen von Obst und Gemüse usw.)
- 1 Plastiktüte

Der Verzehr von Insekten bietet im Gegensatz zur traditionellen westlichen Ernährung eine alternative und nachhaltige Eiweißquelle. Die Insektenzucht hat auf ökologischer Ebene gegenüber der Rinder-, Schaf- und Schweinezucht zahlreiche Vorteile. Für das Wachstum der Insekten sind weit weniger Wasser und Futter erforderlich. Ein Beispiel: Um 1 kg Rindfleisch zu erzeugen, sind 10 kg Futter nötig, für 1 kg Grillen braucht man jedoch nur 1,7 kg Futter. Überdies fällt bei der Insektenzucht eine geringere Nettomenge an Treibhausgasen an als bei der Rinderzucht. Was den Nährwert angeht, so bietet die Grille eine ausgezeichnete Quelle für Eiweiß, die Fettsäuren Omega 3 und 6 sowie Mineralstoffe. Sogar unter logistischen Gesichtspunkten ist die Grillenzucht interessanter als die Rinderhaltung, denn sie lässt sich auch in der Stadt betreiben. Außerdem können sich durch die geringe Investition, die für ihren Aufbau erforderlich ist, selbst ärmere Bevölkerungsgruppen problemlos eine Minizucht leisten.

GRILLENZUCHT-STATION SELBST GEMACHT

ERSTE ARBEITSSTUFE: DER AUFZUCHTBEHÄLTER

Stellen Sie die Eierkartons so in den Aufzuchtbehälter, dass zwischen ihnen jeweils etwas Platz bleibt.

Fertigen Sie nun eine »Grillentränke« an: Füllen Sie einen durchsichtigen Plastikbecher mit Wasser. Bedecken Sie den Boden der flachen Schale mit dem Gitternetz, setzen Sie die Schale mit dem Netz wie einen Deckel auf den Becher und drehen Sie das Ganze um. Nun haben Sie eine Tränke, die das Wasser entsprechend dem Verbrauch der Grillen abgibt.

Zum Schluss platzieren Sie die Holzplatte auf den Eierkartons, stellen die Tränke darauf und verteilen daneben loses Futter.

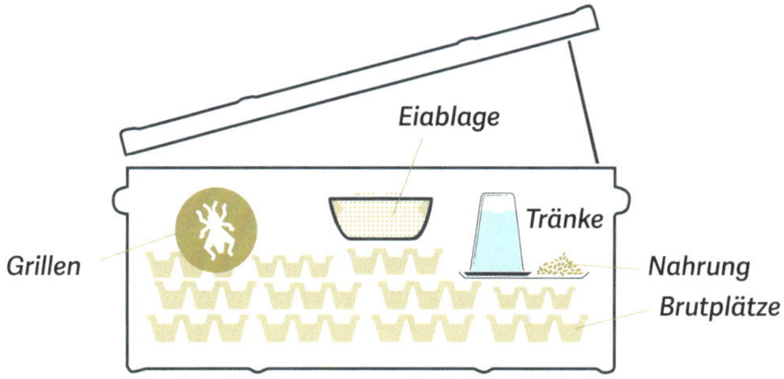

ZWEITE ARBEITSSTUFE: DIE EIABLAGE

Füllen Sie feuchte Kokosfaser in eine kleine Dose, die Sie offen lassen. Sie wird in der Fortpflanzungsphase in den Aufzuchtbehälter gesetzt und dient den Grillen zur Eiablage.

DRITTE ARBEITSSTUFE: ABLAUF DER GRILLENZUCHT

Beziehen Sie Speisegrillen über das Internet oder aus der Tierhandlung. Warten Sie bei Grillen aus der Tierhandlung für den Verzehr die zweite Generation ab. Füttern Sie die Grillen mit fein gemahlenem Weizen oder anderem pulverisierten Getreide und mit pflanzlichen Abfällen (Schalen usw.). Füllen Sie die Nahrung immer nach Bedarf auf: Deponieren Sie ein oder zwei Handvoll loses Futter neben der Tränke auf der Holzplatte.
Wenn die Grillen zu zirpen beginnen (bei unserer Spezies nach 45 Tagen), haben sie das Erwachsenenstadium erreicht, und die Fortpflanzungsphase beginnt. Platzieren Sie also 3 Tage später die Eiablage mit den leicht befeuchteten Fasern auf den Eierkartons im Aufzuchtbehälter und warten Sie 24 Stunden. Die Weibchen werden dort ihre Eier ablegen. Geben Sie danach die Eiablagedose in eine Plastiktüte und schließen Sie diese bis zum Schlüpfen. Nehmen Sie nun die erwachsenen Grillen zum Verzehr aus dem Aufzuchtbehälter und lassen Sie die anderen sich entwickeln.

DER VERZEHR VON GRILLEN

Überbrühen Sie die Grillen vor dem Verzehr, um eventuelle Parasiten oder Bakterien abzutöten. Danach können Sie sie so essen, wie sie sind, sie kurz braten, trocknen oder auch tiefgefrieren, um sie für mehrere Wochen oder Monate haltbar zu machen. Es auch möglich, sie zu pulverisieren und normalem Mehl unterzumischen. ■

Sie möchten mehr wissen?

AUS CORENTINS TAGEBUCH

»NACH DIESER ERSTEN ETAPPE IN THAILAND FIEL ES UNS SCHWER, DIE SEGEL ZU SETZEN … ALSO SIND WIR EINFACH GEBLIEBEN.«

Corentin und Olivier beschließen, noch etwas länger in Thailand zu bleiben. Sie wollen ihre Untersuchungen zu Nahrungsmitteln fortsetzen, die an Bord der NOMADE DES MERS einfach zu erzeugen sind.

Nachdem wir die Aufzucht von Insekten kennengelernt haben, setzen wir zusammen mit Olivier unsere Suche nach an Bord der NOMADE DES MERS leicht zu erzeugender Nahrung fort. Wir beschließen also, unseren Aufenthalt in Thailand zu verlängern, denn hier gibt es auch ein großes Wissen über die Pilzzucht.

DIE VORTEILE DER PILZZUCHT

Pilze sind reich an Eiweiß und Mineralstoffen und besitzen zudem den Vorteil, dass sie wenig Ressourcen, wenig Wasser und wenig Raum zum Wachsen brauchen. Sie sind nicht nur köstlich, sondern es gibt in Thailand auch die verschiedensten Arten wie etwa Röhrlinge und Austernpilze. Da die Pilzzucht zudem nur ein geringes Startkapital erfordert, wenden sich ihr immer mehr Thailänder zu, um ihre Einkünfte ein wenig aufzubessern. Seit einigen Jahren entstehen regelmäßig neue Kooperativen, und das Königreich hat sogar eine nationale Initiative angestoßen, die den Aufbau neuer Pilzzuchtbetriebe fördert und erleichtert.

Auf Phuket züchten Landwirte Pilze auf Stroh und direkt im Erdreich. Aber es gibt auch eine neue Technik, wobei die Mycelien – die meist unterirdischen Teile eines Pilzes – in kleine spezielle Beutel mit einer Mischung auf Sägemehlbasis gefüllt werden. Danach werden die Säck-

Auf Phuket werden täglich fünf bis sechs Tonnen Pilze verzehrt, und landesweit sind zahlreiche Kooperativen entstanden, die die Versorgung sichern wollen.

»Um die Technik besser zu verstehen, besuchen wir eine der größten Pilzzuchten der Region. Tor ist ein junger passionierter Landwirt, der vor drei Jahren mit der Pilzproduktion begonnen hat, nachdem er festgestellt hatte, dass alle Pilze, die auf der Insel Phuket verzehrt werden, von außerhalb kommen.«

chen einige Wochen an einem dunklen, feuchten Ort gelagert, wo die Mycelien gut gedeihen, bis sie reif für die Ernte sind.

BESUCH BEI TORS PILZZUCHTBETRIEB

Um die Technik besser zu verstehen, besuchen wir eine der größten Pilzzuchten der Region. Tor ist ein junger passionierter Landwirt, der vor drei Jahren mit der Pilzproduktion begonnen hat, nachdem er festgestellt hatte, dass alle Pilze, die auf der Insel Phuket verzehrt werden, von außerhalb kommen – und die meisten davon aus Bangkok, einer Stadt mit 8,2 Millionen Einwohnern! Seine Zuchtstation umfasst Dutzende Gewächshäuser, in denen er verschiedene Austernpilze züchtet, die gut an das regionale Klima angepasst sind. Als lokale Ressource nutzt er den Kautschukbaum, der im Süden des Landes häufig vorkommt. Aus diesem Baum gewinnen Unternehmen vor Ort das Sägemehl, mit denen Tor seine Pilzsäckchen zu 87 Prozent füllt. Der Rest ist eine Mischung aus Reiskörnern, Gips, Salz und Wasser.
Ich frage Tor, ob man Salz und Wasser eventuell mit dem Salzwasser ersetzen könnte, das man direkt dem Meer entnimmt. Er weist mich darauf hin, dass es auf den Salzgehalt des Wassers ankommt. Das Mischungsverhältnis muss genau stimmen: 200 Gramm Salz auf 60 Liter Wasser. Andererseits könne man das Sägemehl durch getrocknetes Gemüse ersetzen, allerdings sei das Sägemehl vorzuziehen. Die Säckchen mit dem Kultursubstrat

Corentin besucht ein Dorf, um die Pilzzucht im kleinen Maßstab kennenzulernen.

»Die Pilzzucht bietet zahlreiche Vorteile, speziell ökologischer und ökonomischer Art, insbesondere für Bauern, die landwirtschaftliche Abfälle als Substratfüllung für die Zuchtsäckchen verwenden können.«

werden nun über fünf Stunden sterilisiert, um Bakterien abzutöten, die das Wachstum der Pilze hemmen könnten. Danach kann Tor die Pilzkultur starten. Dazu injiziert er eine kleine Menge Mycelien in jedes Säckchen und lagert diese dann bei einer konstanten Temperatur zwischen 20 °C und 30 °C. 30 Tage später braucht man nur noch den Verschluss jedes Säckchens zu öffnen und kann schon ernten!
Die Technik scheint zwar simpel, allerdings braucht es für bestimmte Arbeitsabschnitte etwas mehr Erfahrung, als man zunächst annehmen würde. Tor hat daher ein Unterrichtszentrum für seine Methode eröffnet. An einem Tag kann man alles lernen, was man wissen muss, um mit der Pilzzucht zu beginnen.

PILZE AUF DER NOMADE DES MERS?

In Tors Augen bietet die Pilzzucht zahlreiche Vorteile, speziell ökologischer und ökonomischer Art, insbesondere für Bauern, die landwirtschaftliche Abfälle als Substratfüllung für die Zuchtsäckchen verwenden können. Tor hat mich überzeugt. Ich habe wirklich Lust, seine Säckchen auszuprobieren. Seine Zuchtstation ist jedoch

Die Milchsäuregärung ist eine Konservierungstechnik, durch die Pilze drei Monate lang essbar bleiben.

riesig und sein Material schwer und platzraubend. Um eine genauere Vorstellung von dem zu erhalten, was sich auf dem Boot züchten lässt, besuche ich ein Nachbardorf, wo sich ein kleinerer Betrieb befindet: Es gibt hier 2.000 Säckchen, was einer Produktion von fast 20 Kilogramm täglich entspricht. Alle Pilze gehören der Dorfgemeinschaft, die sie auch verkauft und den Erlös unter den Familien aufteilt. Gleich nach der Ernte der Pilze kann man sie trocknen – in nur zwei Tagen. Für mich kommt hinzu, dass die Pilze keine Sonne brauchen, was an Bord sehr praktisch ist, da ich dann den Raum des Gewächshauses für Gemüse beibehalten kann.

HALTBARMACHEN DER PILZE: DIE MILCHSÄUREGÄRUNG

Auf dem Markt von Phuket hat Olivier die Bekanntschaft von Ju gemacht. Als Köchin kennt sie eine interessante Methode, um Pilze haltbar zu machen: die Lactofermentation bzw. Michsäuregärung – eine einfache Sache. Die Pilze werden gewaschen, dann kurz abgebrüht. Der Brühprozess muss sofort gestoppt werden. Dazu hält man die Pilze unter kaltes Wasser und füllt sie dann in ein wasserdichtes Gefäß mit Salzwasser (fünf Gramm Salz auf 500 Gramm Pilze). Nach einer Woche sind sie essfertig und können noch drei Monate aufbewahrt werden. Die Milchsäuregärung ist zwar unter Ernährungsgesichtspunkten eine ideale Methode, durch Trocknung lassen sich die Pilze jedoch noch viel länger aufbewahren, wobei ihr Gehalt an B-Vitaminen erhalten bleibt. Mit

Olivier und Corentin wagen sich an die Herstellung eines Solardörrers zur Konservierung von Nahrungsmitteln (siehe S. 220).

»Ich kann es kaum erwarten, ein Omelett mit den Eiern unserer Hühner, mit Pilzen, Insekten … und ein klein wenig Rucola zu machen.«

Olivier machen wir uns also an den Entwurf eines Solardörrers, der zudem den Vorteil hat, dass ich ihn genauso zum Dörren von Obst, Gemüse und sogar Insekten nutzen kann!

EIN PILZ-INSEKTEN-RUCOLA-OMELETT

Vor unserer Abfahrt laden wir Tor aufs Boot ein. Er wird uns beim Bau unserer Minipilzzucht an Bord der NOMADE DES MERS helfen! Er bringt uns die Säckchen, die wir zusammen fertiggestellt haben, und noch andere, deren Reifung schon fortgeschritten ist, sodass wir uns bald ans Ernten machen können. Normalerweise sollten wir in vier bis sechs Monaten neun bis zwölf Kilogramm monatlich produzieren können. Ich kann es kaum erwarten, ein Omelett mit den Eiern unserer Hühner, mit Pilzen, Insekten … und ein klein wenig Rucola zu machen.

Olivier und Corentin empfangen Tor an Bord der NOMADE DES MERS.

Seit ich angefangen habe, mich mit Low-Tech zu befassen, habe ich noch kaum jemanden wie Tor getroffen. Tatsächlich sind die Innovationen zwar oft technisch interessant, dennoch gelingt es selten, sie in ein Wirtschaftsmodell zu integrieren, in dem sie sich auch wirkungsvoll entfalten können. Tor aber ist es gelungen, beide Aspekte zu verbinden und eine schnelle Wirkung für Hunderte Familien seiner Region zu erzielen!
Was die NOMADE DES MERS angeht, so legt sie ab zu neuen Abenteuern. Wir halten uns zunächst nach Süden und durchfahren die Straße von Malakka – unser Ziel: Indonesien. ■

BEGEGNUNG MIT **KANUT SIROWTOT**

DIE KRAFT DER PILZE

Kanut Sirowtot, genannt »Tor«, hat in der Region von Phuket die Zucht von Pilzen verbreitet, indem er Tausenden Familien die nötigen Mittel zur Verfügung stellte.

Die thailändische Gastronomie birgt für Tor, den Mann aus dem Norden des Landes, keine Geheimnisse, denn er war lang Küchenchef in einem Hotel. Mit 40 Jahren beschloss er, sich selbstständig zu machen. Das war vor sieben Jahren. Heute steht er den Restaurants in Phuket großzügig mit Ratschlägen zur Seite und gibt seine Rezepte an sie weiter. »Als Küchenchef habe ich 13 Stunden am Tag gearbeitet. Ich wollte es etwas ruhiger angehen lassen, denn ich habe meine zwei Töchter gar nicht mehr gesehen«, erklärt er. Während seiner freien Zeit macht Tor sich also daran, eigene Pilze zu züchten: »Auf Phuket werden täglich fünf bis sechs Tonnen Pilze verzehrt, aber wir produzieren nur 30 Prozent davon; die meisten kommen aus Bangkok, wobei es aber ein simples Verfahren gibt, sie zu züchten: die Pilzkultur in Beuteln.«

Dank Tor erreicht die Produktion in der Region Phuket heute fast 40 Prozent. Er hat zunächst ein Schulungszentrum und ein Zuchtzentrum für den empfindlichsten, aber notwendigen Teil der Pilzzucht aufgebaut: die Sporen. Er kümmert sich auch um die Herstellung der Beutel,

RUND UM DIE PILZZUCHT haben sich in Frankreich die verschiedensten Initiativen gebildet, deren Anliegen die Förderung der Kreislaufwirtschaft und der nachhaltigen Entwicklung ist, so z. B. das Projekt Champignon de Brest und das Start-up-Unternehmen La Boîte à champignon. Beide haben zum Ziel, Pilze auf Kaffeesatz zu züchten, der lokal gesammelt wird. Als Abfall erreicht Kaffeesatz heute weltweit ein Volumen von 7 Millionen Tonnen jährlich, ist aber letztlich ein ausgezeichnetes Substrat. Ziel: nachweisen, dass das, was zunächst als Abfall angesehen wird, tatsächlich eine Ressource werden kann.

Tor steht Menschen zur Seite, die sich an die Pilzzucht wagen wollen – von der Schulung bis zur Vermarktung.

in denen die Pilze wachsen sollten, denn diese müssen steril sein, und das für die Beutel benötigte Material ist nicht allen zugänglich. Bei denen, die nach der Schulung selber mit einer Zucht beginnen wollen, installiert Tor das Produktionssystem (unter Zelten) und bietet sogar an, ihnen die Pilze abzukaufen, damit sie nicht erst Abnehmer suchen müssen: »Ich möchte ein nachhaltiges Projekt aufbauen, das einen Effekt auf das Leben aller, auch der Ältesten, hat.« Und tatsächlich beträgt das Zusatzeinkommen zu Lohn oder Rente im Durchschnitt 100 € pro Monat für die teilnehmenden Familien – der Betrag variiert natürlich je nach Produktionsmenge. Die thailändische Regierung unterstützt Tors Unternehmen, indem sie einen Teil seiner Schulungen finanziert. Inzwischen haben davon bereits 3.000 Menschen profitiert. Man hat sogar schon nachgefragt, ob er Soldaten schult und ihnen sein Wissen vermittelt, damit die Armee ihre eigenen Pilze züchten kann! ■

ZUM PRINZIP EINER LOW-TECH-LÖSUNG

DIE SOLARTROCKNUNG

»Wir haben schon sehr früh auf unserem Weg nach Senegal mit der Solartrocknung an Bord des Bootes experimentiert. Um unsere Mangos länger aufbewahren zu können, hatten wir sie an einem gut belüfteten Platz auf einem Gitter ausgelegt und erhielten so tolle Mangofladen, die wir während der Wachen essen konnten! Schließlich vertieften wir das System in Thailand und bauten einen Apparat. Dabei wird zunächst die Luft mithilfe der Sonne erhitzt und so geführt, dass sie in einer Säule mit Gitterrosten zirkuliert, auf denen dünne Obstscheibchen liegen; dieser Teil des Systems ist vor der Sonne geschützt. Die Hitze wird über ein schwarz gestrichenes Blech in einem Kasten gewonnen; er wird durch eine Glasscheibe über dem Blech verschlossen. Die Sonneneinstrahlung wird also durch das Blech in Hitze verwandelt, das die Wärmeenergie auf die Luft überträgt. Diese steigt nun durch die Etagen der Gitterroste auf und trocknet dabei die Früchte.«

Corentin

SONNENTROCKNUNG – WAS IST DAS?

Die Sonnentrocknung ist eine Methode zur Langzeitkonservierung von Obst und Gemüse, durch die ihre Nährwertqualität erhalten bleibt. Tatsächlich verdirbt weltweit ein Drittel aller Nahrungsmittel, und Obst und Gemüse sind davon am stärksten betroffen. Die Sonne und die Hitze, denen sie in vielen Ländern ausgesetzt sind, erklären diese Vergeudung weitgehend.

WIE FUNKTIONIERT SIE?

Ein Solardörrer ist ein Low-Tech-Gerät, das aus zwei sehr unterschiedlichen Teilen besteht:
- einem tiefer gelegenen Teil, der Hitzekollektor ist;
- einem Bereich zur Trocknung von Nahrungsmitteln.

Der Hitzekollektor – Dabei handelt es sich um einen rechteckigen Holzkasten, der leicht geneigt aufgestellt wird. Die größten Modelle können bis 2 m lang, 1 m breit und 40 cm hoch sein.
Die beiden kurzen Seiten des Kastens bleiben offen und werden mit einem Fliegengitter geschützt; als obere Abdeckung dient eine Scheibe. Unter dieser befindet sich ein schwarz gestrichenes Blech, auf das die Sonne einstrahlt. Unter diesem Blech kann die Luft frei zirkulieren.

Der »Thermosiphoneffekt« – Wenn die Sonne auf das Blech scheint, wird die Einstrahlung in Hitze verwandelt. Bei Kontakt mit dem Blech erhitzt sich die Luft also. Sie wird weniger dicht und beginnt aufzusteigen. Sie steigt entlang dem Blech bis zur höchsten senkrechten Fläche. Dieses Phänomen führt zu einem natürlichen Ansaugen der Luft aus dem unteren Teil. Diese Luft erwärmt sich ihrerseits und steigt im Kollektor auf: So entsteht der »Thermosiphoneffekt«.
Der Luftdurchsatz muss so eingestellt werden, dass die Luft am Ausgang des Kollektors eine Temperatur von circa 60 °C erreicht.

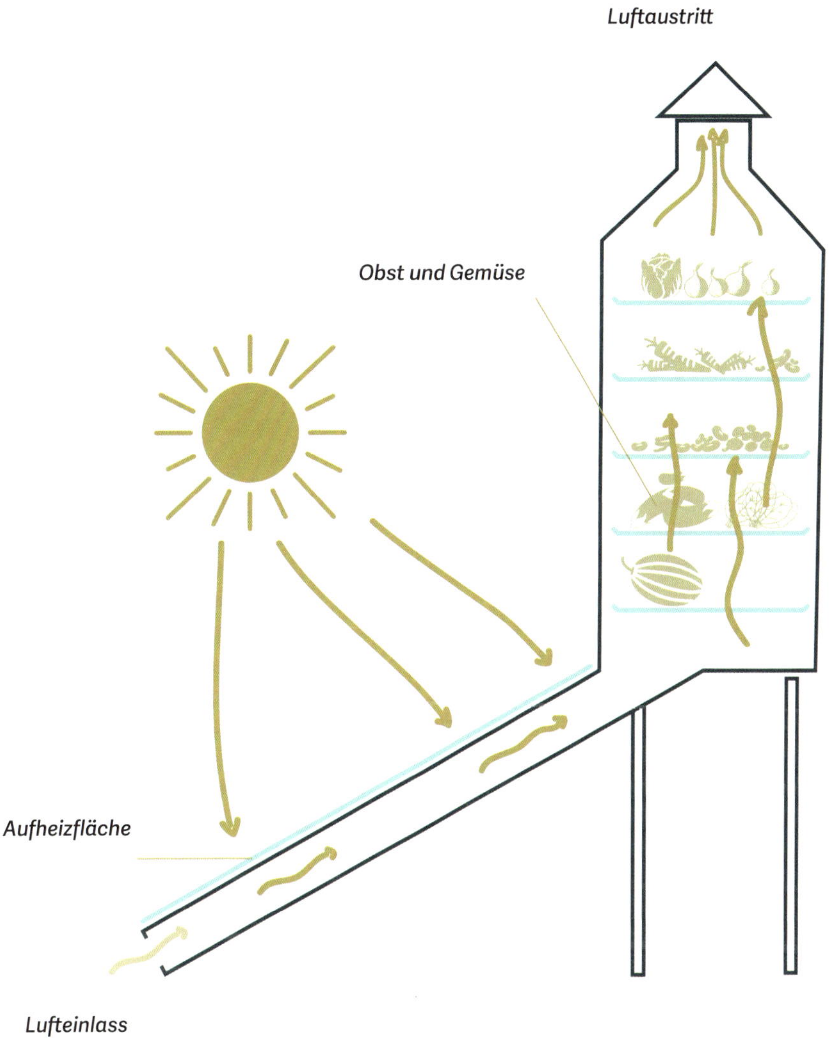

Der Trocknungsbereich – Sobald die heiße Luft den Kollektor verlässt, erreicht sie den Trocknungsbereich. Dieser Kasten, der einer Speisekammer ähnelt, ist mit Trocknungsrosten ausgestattet, auf denen man dünne Obst- und Gemüsescheiben ausbreiten kann. Die Außenwände sind lichtdicht geschlossen, damit die Sonne nicht die Nahrungsmittel bescheinen kann und dadurch einen Teil ihrer Nährstoffe zerstört.

Bei starker Sonnenbestrahlung kann ein Tag zur Trocknung der Früchte ausreichen. Anschließend können sie mehrere Monate trocken und lichtgeschützt aufbewahrt werden. ■

NOMADE DES MERS

11

INDONESIEN

MEDAN

MIT ÜBER 17.000 INSELN IST INDONESIEN DER GRÖSSTE ARCHIPEL DER WELT. ER ERSTRECKT SICH AUF ÄQUATORHÖHE ÜBER 5.120 KILOMETER. ES IST ZUGLEICH DAS LAND MIT DER VIERTGRÖSSTEN BEVÖLKERUNG DES PLANETEN. DIE 300 ETHNIEN AUF SEINEM STAATSGEBIET HABEN EINEN GROSSEN KULTURELLEN REICHTUM GEPRÄGT.

1.905.000 KM²

257,6 MILLIONEN EINWOHNER

132 EINWOHNER/KM²*

IM FOKUS

- 1990 bis 2016: Der Prozentanteil der indonesischen Bevölkerung, der Zugang zu Strom hat, ist von 61,7 Prozent auf 97,6 Prozent gestiegen.
- 1997 bis 2007: Auf Java und Bali (80 Prozent des indonesischen Gesamtverbrauchs an Strom) stieg der Strombedarf um 50 Prozent an.
- Aufgrund des wachsenden Strombedarfs (Anstieg circa acht Prozent pro Jahr) in Indonesien und eines längeren Zeitraums zu geringer Investitionen (Krise 1997 bis 1998) bleibt die Qualität der Stromverbindungen schwach. Es kommt zu geschätzten neun Prozent Übertragungsverlusten und häufigen Netzabschaltungen.
- Lithium-Akkus für elektrische Geräte bestehen aus mehreren Batteriezellen. Schon wenn eine davon nicht mehr funktioniert, ist der ganze Akku unbrauchbar. Allerdings kann man die noch funktionierenden Zellen verwenden, um einen neuen Akku herzustellen.

* Dabei ist die Schwankungsbreite innerhalb des Archipels riesig: 974 Einwohner pro Quadratkilometer auf Java, acht Einwohner pro Quadratkilometer in Papua-Westneuguinea.

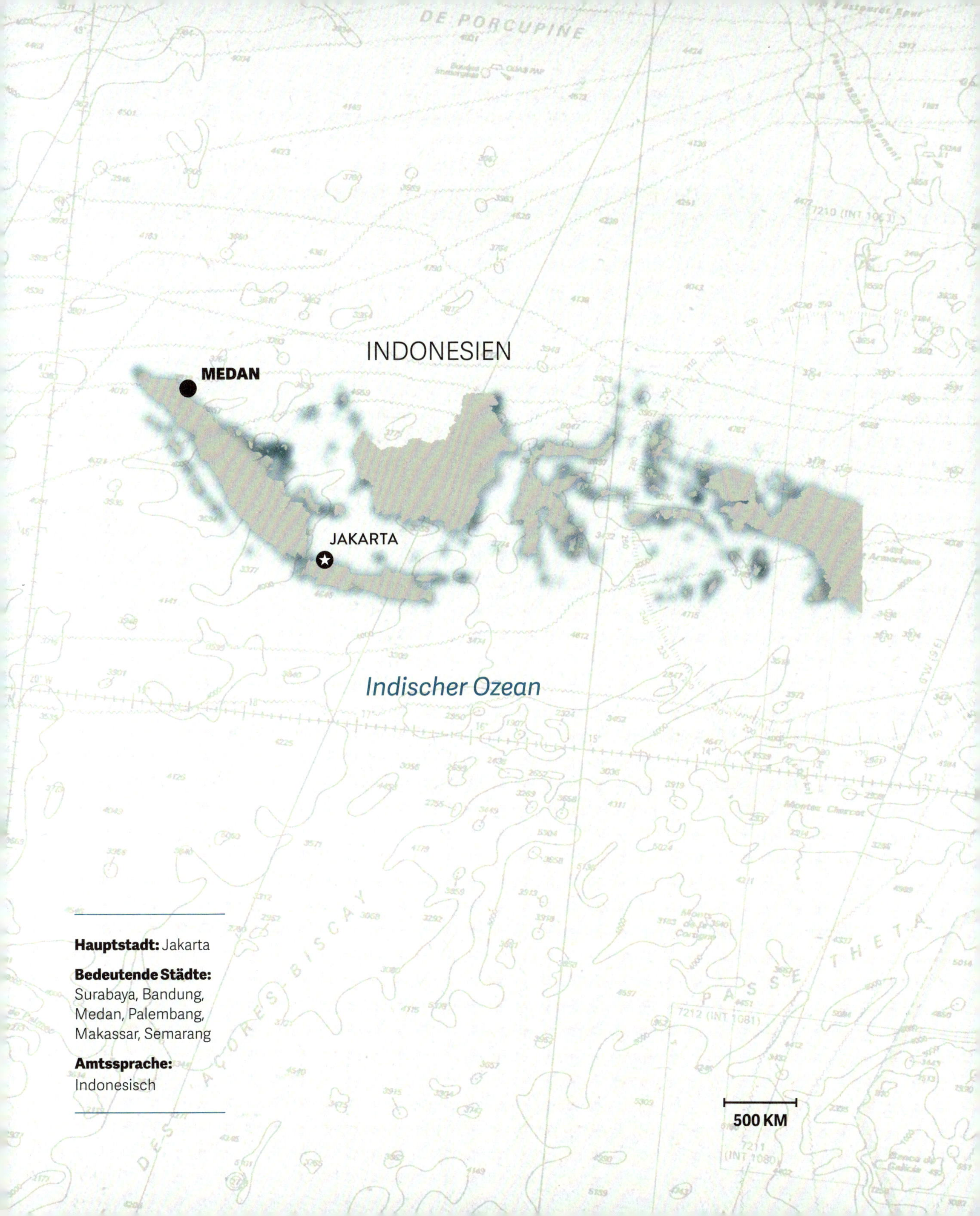

Hauptstadt: Jakarta

Bedeutende Städte: Surabaya, Bandung, Medan, Palembang, Makassar, Semarang

Amtssprache: Indonesisch

AUS CORENTINS TAGEBUCH

»ES IST JETZT ANDERTHALB JAHRE HER, DASS ICH CONCARNEAU MIT DER NOMADE DES MERS VERLASSEN HABE. TROTZ ZWEI ODER DREI ›HEIMSUCHUNGEN‹ IST AUS DEM BOOT EIN ECHTES SCHWIMMENDES LABOR GEWORDEN – MAN KANN NOCH NICHT GANZ VON EINEM AUTARKEN LEBEN SPRECHEN, ABER DIE ERGEBNISSE SIND DOCH SEHR ERMUTIGEND.«

Die NOMADE DES MERS durchquert den indonesischen Archipel.

Ein paar Tage nachdem wir Thailand am 19. Juli verlassen haben, fahren wir, mit Olivier an Bord, in den Hafen von Medan, im Norden der Insel Sumatra. Genauer gesagt, legen wir im Hafen von Belawan an, einem Industriegebiet, das ein großes Stück weit weg vom Stadtzentrum von Medan liegt. Hier gibt es keine Freizeitboote, sondern große Frachter und Schiffe der Marine. Die Zöllner sind nicht an einfache Segler wie den unseren gewöhnt, was den Formularkrieg verkompliziert. Jedenfalls reisen wir nicht unbemerkt ein …

EIN NEUES LEBEN FÜR BATTERIEN

Mit über 257 Millionen Einwohnern ist Indonesien die viertgrößte Nation der Welt. Der Energieverbrauch ist in den letzten 15 Jahren rasant gestiegen (um mehr als 50 Prozent), das Stromnetz ist daran jedoch wenig angepasst, und die Indonesier sind regelmäßig harten Stromsperren ausgesetzt. Im Kampf gegen dieses Problem versuchen sich einige Menschen an der Wiederverwertung von Akkus. So z. B. George, ein Tüftler in Rente, der am Stadtrand von Medan lebt und aus je-

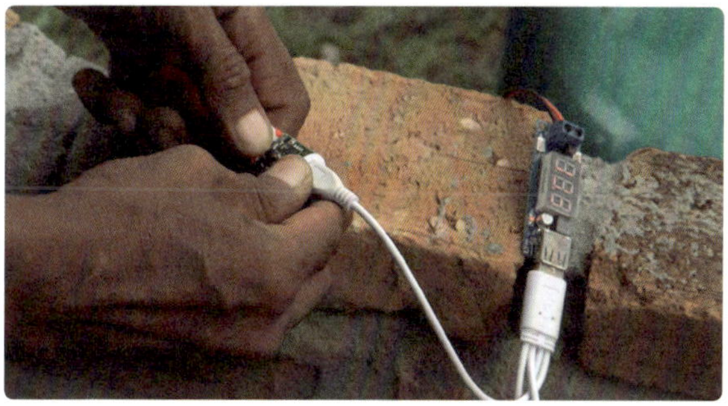

George erklärt Corentin und Olivier, wie sie ihren Elektronikschrott zur Erzeugung von Strom wiederverwerten können.

dem Elektronikschrott etwas Neues herstellt. Vielleicht kann er uns helfen, das wiederzuverwerten, was nach und nach an Bord der NOMADE DES MERS überbordet: Trotz all unserer Bemühungen sammeln sich die gebrauchten Akkus unserer elektronischen Geräte auf dem Boot an – das ist nicht besonders ökologisch. Ich bin mir aber immer noch sicher, dass es einen Weg gibt, ihnen neues Leben einzuhauchen. Und ich habe den Eindruck, dass George unser Mann ist. Wir

»Trotz all unserer Bemühungen sammeln sich die gebrauchten Akkus unserer elektronischen Geräte auf dem Boot an – das ist nicht besonders ökologisch. Ich bin mir aber immer noch sicher, dass es einen Weg gibt, ihnen neues Leben einzuhauchen.«

Einige alte Elektronikteile, die sich an Bord der **NOMADE DES MERS** *ansammeln, werden umgehend recycelt und würden reichen, um Strom für die Beleuchtung eines Hauses zu erzeugen.*

»Es ist verrückt, festzustellen, dass wir noch brauchbare Akkus wegschmeißen … Wenn ein Akku nicht mehr zu funktionieren scheint, ist es tatsächlich meist so, dass nur eine seiner Zellen defekt ist, alle anderen aber noch verwendet werden können. Was für eine Verschwendung!«

durchforsten also das Boot, um alle unsere alten Lithium-Akkus aufzuspüren: in einem alten Bordcomputer, einem Seefunkgerät oder auch einem Elektrobohrer, der nicht mehr funktioniert. Die Akkus bestehen aus mehreren kleinen Elementen, den Zellen, mit denen George vor allem Lampen zum Leuchten bringt. Wir beschließen also, die Geräte, die wir ihm gebracht haben, zu zerlegen und jede Zelle der verschiedenen Akkus mithilfe eines Multimeters zu prüfen. Sechs von ihnen funktionieren noch! Es ist verrückt, festzustellen, dass wir noch brauchbare Akkus wegschmeißen … Wenn ein Akku nicht mehr zu funktionieren scheint, ist es tatsächlich meist so, dass nur eine seiner Zellen defekt ist, alle anderen aber noch verwendet werden können. Was für eine Verschwendung! Die sechs Zellen, die wir aus gebrauchten Batterien gewonnen haben, können Licht für ein ganzes

Corentin versucht, die Ursache für die Panne zu finden, zu der es beim Motor der NOMADE DES MERS plötzlich gekommen ist.

kleines Haus liefern. Diese Wiederverwertung gefällt uns, und wir können sie sogar auf der NOMADE DES MERS einsetzen und so deren ökologischen Fußabdruck verringern. Es reichen ein paar Elektronikelemente, um ein Ladegerät zu fabrizieren und den Zellen neues Leben einzuhauchen; das Gerät lässt sich dann mit dem Windrad oder einem Solarmodul verbinden. Zu diesem Thema hat George mir viel beigebracht. Dank seiner Methode besteht kein Bedarf mehr, ein neues Gerät zu kaufen, weil der Akku nicht mehr funktioniert, und ich weiß, dass ich da oft Bedarf habe!

ELEKTRONIK UND LOW-TECH

Bis zum jetzigen Zeitpunkt wusste ich nicht genau, was ich von Elektronik bei Low-Tech-Lösungen halten sollte. Doch George hat mich davon überzeugt, dass es sinnvoll ist, auf bestimmte, wenig kostspielige Elemente zurückzugreifen, um alte Dinge wiederzuverwerten, selbst wenn man sie über das Internet bestellen muss. Bisher habe ich mich dagegen gesperrt, weil ich nur lokale und ökologische Ressourcen einsetzen wollte. Aber der Umwelteffekt dieser Vorgehensweise scheint mir doch positiv; durch sie ließe sich unter anderem eine große Zahl von Low-Tech-Lösungen optimieren. So kann ich z. B. einen Mikrocontroller, der von einem Solarmodul gespeist wird, an die Blasensäule des Fermenters und den Spirulina-Belüfter anschließen, und den Strom mit seiner Hilfe an beide verteilen; ohne ihn würde ich dazu zwei Solarmodule brauchen!

Nun, da es uns gelungen ist, unsere Batterien zu recyceln, bleibt noch ein Ärgernis auszuräumen: Unser Motor muss repariert werden, damit wir wieder aufs Meer hinauskönnen. Während unserer letzten Überfahrt sprang er nicht mehr an, und keiner wusste, warum. Ich begebe mich also in eine Werkstatt, um ihn zu prüfen, und stelle fest, dass er eigentlich funktioniert: Es gibt nur ein Problem mit der Batterie (ja, tatsächlich!) und fehlerhaften Verbindungen.

Die Kokospalme, auch »Baum des Lebens« genannt, hat Früchte, von denen alle Teile verwertet werden können: Corentin versucht, Kokosseife herzustellen.

KOKOSSEIFE

Bevor wir abfahren, besuchen wir noch eine der zahlreichen Kokospalmenplantagen auf Sumatra. Ich liebe Kokosnüsse! Die Frucht der Kokospalme, die auch »Baum des Lebens« genannt wird, ist randvoll mit Nährstoffen, und all ihre Teile sind nutzbar. Wir können z. B. ihre Fasern verkohlen, um den Kompost anzureichern, oder Fasern zusammenfügen und daraus ein Seil fertigen. Aus ihrem Fruchtfleisch lässt sich Öl gewinnen. Und Kokoswasser schmeckt köstlich! Vor Ort treffen wir Lily aus Medan, eine Kokosnussspezialistin, die an der Universität unterrichtet und Forscher bei der Herstellung von Seife unterstützt. Sie erklärt mir, wie man 100 Prozent natürliche Seife herstellt und dazu Kokosfasern zu Asche verbrennt. Der Asche wird Wasser und Kokosöl zugefügt, allerdings bleibt die Dosierung schwierig. Sie rundet ihr Rezept durch Aloe vera mit ihren wundheilenden und feuchtigkeitsspendenden Eigenschaften ab und fügt noch Citronella zur Mückenabwehr hinzu.

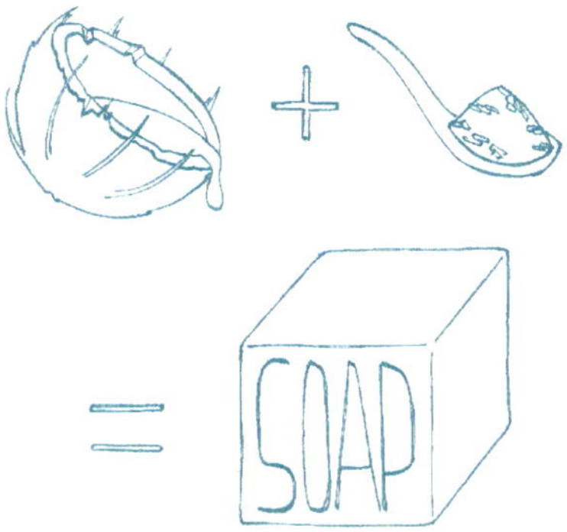

Seit einiger Zeit keimt eine Idee in Corentins Kopf. Er will eine einsame Insel finden, dort ganz allein leben und die im Verlauf der Reise entdeckten Low-Tech-Lösungen unter lebensechten Bedingungen testen – die Geburtsstunde der Mission »Biosphère low tech« ...

LOW-TECH IN VOLLER GRÖSSE

Als wir Sumatra verlassen, bauen sich Wolken am Horizont auf, die uns nicht verschonen sollen: 48 Stunden lang trotzen wir Wellentälern und Sturm bis zu 40 Knoten, die uns zwingen, uns voll auf die Navigation zu konzentrieren. Aber die NOMADE DES MERS hat schon anderes überstanden: die Biskaya im Winter, den entfesselten Südatlantik, den Mastbruch vor den Seychellen ... Ich weiß, dass sie sich gut halten wird.

In anderthalb Jahren haben die Mannschaft und ich über 40 Low-Tech-Lösungen an Bord getestet, doch erst heute wird mir bewusst, dass ich auf einem Boot eine Reihe von Parametern nicht überprüfen kann. Also beschäftigt mich seit Kurzem eine Idee: Ich will eine einsame Insel finden, mich dort ganz allein einrichten und die Low-Tech-Lösungen, die wir auf der Reise entdeckt haben, unter lebensechten Bedingungen testen, um herauszufinden, ob sie mir ein autarkes Leben ermöglichen könnten. Denn alle Lösungen, die wir erforscht haben, geben sehr konkrete Antworten auf lokaler Ebene, also im kleinen Maßstab; ich aber bin überzeugt, dass sie, in Kombination eingesetzt, auch Auswirkungen im globalen Maßstab haben können. Um das zu beweisen, bleiben mir noch zwei Drittel des Planeten, die ich durchstreifen muss! ■

»Alle Lösungen, die wir erforscht haben, geben sehr konkrete Antworten auf lokaler Ebene, also im kleinen Maßstab; aber ich bin überzeugt, dass sie, in Kombination eingesetzt, auch Auswirkungen im globalen Maßstab haben können.«

BEGEGNUNG MIT **GEORGE FRANS**

STROM »GRATIS«

George Frans, der 1957 in Indonesien geboren wurde und heute im Ruhestand ist, widmet seit einigen Jahren seine gesamte freie Zeit dem Bau eines autarken Low-Tech-Hauses, dem Solar House Medan.

1966 wurde der Shell-Konzern, bei dem sein Vater arbeitete, verstaatlicht, und so schickte er George nach Holland, wo er bei seinen Brüdern und Schwestern leben konnte. Dort verbrachte George die meiste Zeit seines Lebens. Er baute eine kleine Firma zu Softwareentwicklung auf, aber er behielt seine indonesische Staatsbürgerschaft. Vor fünf Jahren beschloss er dann, zusammen mit seiner Frau Ibu Vonny in den erwarteten Ruhestand in »die Heimat« zurückzukehren. Kurze Zeit darauf machte er sich daran, in Medan ein kleines Haus zu bauen und entschied, sich nicht an das Stromnetz anschließen zu lassen. Lieber stattete er jedes Zimmer mit Solarmodulen aus. Das Paar produziert auch Biogas und Briketts, die sie zum Teil aus recyceltem Papier herstellen. »Wir wollen mit dem Solar House Medan ein Modell für all jene schaffen, die einem ökologischen Lebensstil folgen möchten«, erläutert George. »Wir versuchen, uns völlig auf nachhaltige oder wiederverwertbare Ressourcen zu beschränken, und zwar im kleinen Maßstab. Auf diese Weise bin ich dazu gekommen, alte, erschöpfte Batterien wiederzuverwenden.«

Georges Überlegung ist ganz einfach: Kann der Strom für ein so bescheidenes Heim ausschließlich durch Low-Tech-Systeme produziert werden? Kann man darüber hinaus diese Systeme auch für andere Primär-

GEPLANTE OBSOLESZENZ ist eine Strategie, die darauf abzielt, die Lebensdauer eines Produkts zu verkürzen, damit es schneller ersetzt werden muss und ein vorzeitiger Neukauf provoziert wird. In Frankreich gilt geplante Obsoleszenz seit 2015 als Straftat, allerdings liegt die Beweisführung beim Verbraucher. Nach einer entsprechenden Klage gab Apple im Dezember 2017 zu, bestimmte Handymodelle absichtlich zu verlangsamen, um ältere Akkus zu schonen.

bedürfnisse wie Trinkwasser und die Nahrungsproduktion nutzen? George oder »Mr. Ossy«, wie er in seiner Umgebung genannt wird, hat sein Haus überdies nach ökologischen Grundsätzen gebaut. Es bleibt natürlich kühl – ganz ohne Klimaanlage. Seine Frau bemüht sich, Küche und Ernährung so zu organisieren, dass kein Kühlschrank nötig ist. Wenn dieses Projekt des Low-Tech-Lebens völlig umgesetzt ist, will George hier Schulungen und Seminare durchführen, um seine Erfahrung weiterzugeben. In der Zwischenzeit stellt er sein Können in den Dienst einiger mittelloser indonesischer Familien, die keinen Zugang zu Strom haben – den will George ihnen kostenlos verschaffen. ■

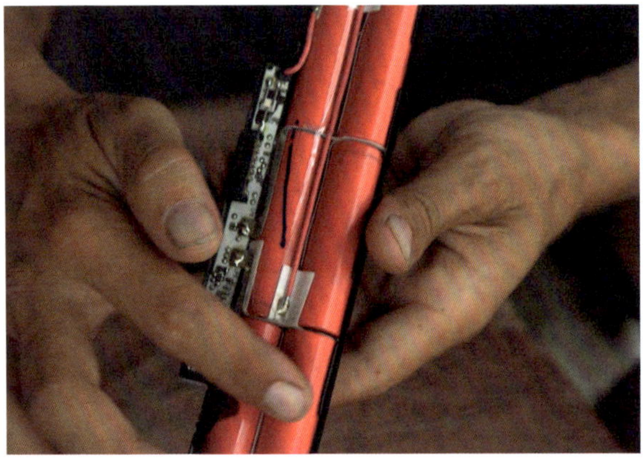

Die verschiedenen Zellen, die zusammen einen Lithium-Akku ergeben.

LOW-TECH IN ARBEIT

DAS BATTERIELADEGERÄT

»Jeden Tag verwendet man viele batteriebetriebene Geräte. Die Lebensdauer gebrauchter Akkus mit einfachen Mitteln verlängern zu können, wäre ein wirklicher Fortschritt.«

Corentin

Schwierigkeit: einfach
Zeitaufwand: 20 Minuten

Für diese Low-Tech-Lösung braucht man:

Material
- 1 gebrauchter Laptop-Akku
- 1 Lithium-Ionen-Batteriehalter, möglichst mit Verbindungskabel
- 1 Lade-/Entlademodul für Lithiumbatterien
- Lötzinndraht
- 1 Mikro-USB-Kabel
- 1 Flaschenverschlusskappe
- 1 Plastikröhrchen, das man in die Verschlusskappe einpassen kann
- 1 Fahrradschlauch

Werkzeug
- Schutzhandschuhe und -brille
- 1 Stichel
- 1 Hammer
- 1 Seitenschneider
- 1 Voltmeter
- 1 Lötkolben
- 1 Spannungsmesser

Herausnehmbare Notebook-Akkus bestehen meist aus Lithium-Ionen-Zellen. Aus gebrauchten Zellen solcher Notebook-Akkus lässt sich eine externe Batterie herstellen, mit der über einen USB-Anschluss eine kleine Leuchte betrieben oder ein Smartphone aufgeladen werden kann. Viele Lampen können heute schon mittels USB-Anschluss anstatt mit einem klassischen 220-V-Stecker funktionieren.

EXTERNER AKKU SELBST GEMACHT

Lithium-Ionen-Akkus können sehr gefährlich sein: Ein Kurzschluss in einer Zelle kann zu ihrer Explosion führen. Daher ist höchste Sorgfalt im Umgang mit ihnen geboten. Schutzhandschuhe und -brillen sind ebenso erforderlich wie das Laden/Entladen mit einer geeigneten elektronischen Schaltung.

ERSTE ARBEITSSTUFE: WAHL DER LITHIUM-IONEN-ZELLEN

Trennen Sie alle Zellen mit dem Seitenschneider voneinander und entfernen Sie alle anderen Komponenten, die an den Zellen angebracht sind (wie Kabel oder die kleinen Lötfahnen). Achten Sie unbedingt darauf, dass die Plus- und Minuspole der Zellen nie miteinander in Kontakt kommen.
Messen Sie mit dem Spannungsmesser die Spannung an den Polen jeder Zelle, um noch verwendbare Zellen zu ermitteln (das ›+‹ einer Zelle befindet sich auf der Zellenseite mit der Rille). Bewahren Sie nur die Zellen auf, deren Spannung über 2,5 V beträgt. Die übrigen Zellen entsorgen Sie im jeweiligen Recyclingsystem.

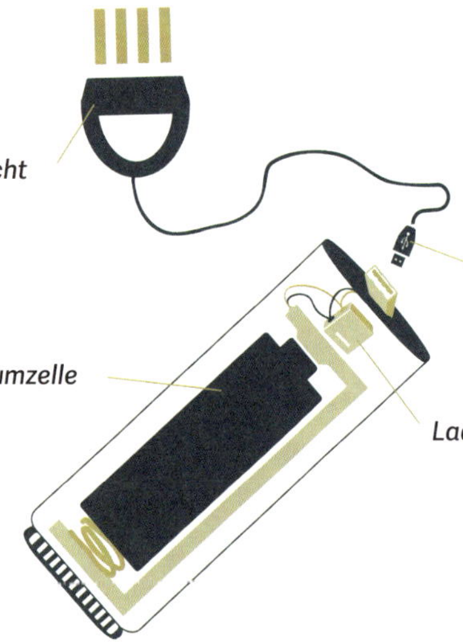

ZWEITE ARBEITSSTUFE: ZUSAMMENBAU DER KOMPONENTEN

Legen Sie einen Lithium-Ionen-Batteriehalter und das Lade-/Entlademodul bereit.

Löten Sie den Minuspol des Batteriehalters an den Pluspol des Lade-/Entlademoduls.

Nun verfahren Sie genauso mit dem Pluspol des Batteriehalters und dem Minuspol des Moduls.

Führen Sie die Zelle in den Batteriehalter ein und achten Sie dabei auf die richtige Polarität.

Schließen Sie ein Mikro-USB-Kabel an das Lade-/Entlademodul an und verbinden Sie es mit einem Computer, um die Batterie aufzuladen.

DRITTE ARBEITSSTUFE: PLATZIERUNG IN DEM BEHÄLTER

Passen Sie das Plastikröhrchen in die Flaschenverschlusskappe ein, sodass sie das Röhrchen unten verschließt. Führen Sie nun den Batteriehalter samt der Zelle ein.

Wickeln Sie ein Stück Fahrradschlauch so um den USB-Anschluss, dass dieser so weit hervorsteht, dass Sie Ihre Geräte mühelos anschließen können. Führen Sie nun das Lade-/Entlademodul und daraufhin den mit Fahrradschlauch umwickelten USB-Anschluss ein.

Sie wollen mehr wissen?

EXTERNER AKKU IM EINSATZ

Sie können Ihren Akku zum Betreiben einer Lampe verwenden. Bei einem Test mit einer LED-Lampe wurde eine Leuchtzeit von 7 Stunden erreicht. Um ein Smartphone aufzuladen, wird dagegen ein Akku mit 2 Zellen benötigt. ■

SACHREGISTER

QUELLEN

Quellen zu den am Anfang der Kapitel vorgestellten Zahlenangaben:

Concarneau
– »Le ›low-tech‹, une nouvelle source d'innovation«, *Les Échos*, 21/10/2014.
– »Le jour du dépassement«, wwf.fr, 05/05/18.
– www.zerowastefrance.org

Marokko
DNS, CIA World Factbook, Bericht des Entwicklungsprogramms der Vereinten Nationen, Weltbank, MOCI, World Resources Institute (WRI).

Senegal
Welternährungsorganisation, Nébéday, Weltbank, EIA, ANSD, Société nationale d'électricité (Sénélec).

Kap Verde
Ministerium für Umwelt, Landwirtschaft und Fischerei (MAAP), Welternährungsorganisation, Weltbank, France Diplomatie.

Brasilien
Low-tech Lab, Arte, ResearchGate, Reuters.

Madagaskar
Unicef, Weltbank, France Diplomatie.

Seychellen
Bureau national des statistiques (NBS), Sustainability for Seychelles, Weltbank.

Indien
WaterAid, Centre for Science and Environment (CSE), Indian Institute of Technology, www.auroville.org, Weltbank, FMI.

Sri Lanka
Ceylan Tourist Board, University of Ruhuna, Weltbank, Researchgate.

Thailand
Welternährungsorganisation, France Diplomatie, Low-tech Lab.

Indonesien
Weltbank, AFD.

BILDNACHWEIS

Alle Zeichnungen in diesem Buch stammen von © Corentin de Chatelperron.

Alle technischen Pläne in diesem Buch stammen von © Low-tech Lab.

Alle Fotografien in diesem Buch stammen von:
Kapitel 1, 6, 8 (Auroville), 11:
© Interscoop/Arte/Laurent Sardi
Kapitel 2, 3, 5 (Recife):
© FL Concepts/Arte/Laurent Sardi
Kapitel 4: © FL Concepts/Arte/David Perrier
Kapitel 5 (Rio de Janeiro):
© FL Concepts/Arte/Jacques Offre
Kapitel 7, 8 (Chennai), 10 (Thalang):
© Interscoop/Arte/Jacques Offre
Kapitel 9, 10 (Phuket):
© Interscoop/Arte/Vincent Lefebvre

Mit Ausnahme folgender Fotografien:
© Benoît Stichelbaut: 10, 14–15
© Élaine Le Floch: 26, 30–31, 36, 46, 52, 54 l., 54 o. r., 55 u., 56, 57, 67, 74, 80, 82 u. r., 83, 90, 94–95, 98 u. r., 99, 100 l., 101, 118, 138, 154
© Agefotostock/CSP Derejeb: 50–51
© Gamal Mohamed: 40
© Low-tech Lab: 44, 45, 61, 63, 115, 136, 137, 195, 211, 235, 237
© Gold of Bengal: 66 u. r., 68 o. r., 78–79, 81 u. l., 122–123, 129, 144, 145 o., 146 o. l., 146 u. l., 149 o. l., 149 r., 172 o. r., 173 u. r., 174, 175, 177, 180, 184–185, 187 u. r., 189 o. l., 189 r., 191, 196, 204 r., 207 o. l., 207 u. l., 208, 209, 222, 226–227, 228, 230 o. r.
© Saskia Scorcelo: 86
© Le Relais: 132, 133.
© Agefotostock/Dibrova: 142–143
© Agefotostock/Shivji Joshi/Dinodia photo: 158–159
© Agefotostock/Manfred Sobottka: 200–201
© Agefotostock/Sydeen: 226–227

Danksagung

Vielen Dank an das gesamte Team des Low-tech Lab für ihre Unterstützung bei der Entstehung dieses Buches sowie an die Teams der Éditions Arte und E/P/A. Vielen Dank an alle, die Nina beim Schreiben begleitet haben, indem sie ihr an allen Fronten geholfen haben, und vor allem an ihre Mutter, die ihr bei der Transkription der hier erzählten Geschichte geholfen hat und ihr die nötige Entschlossenheit gegeben hat, das Unvorstellbare zu leisten. Vielen Dank an Bilou für seine Energie, seine Freundlichkeit und seine Überzeugung, dass die Erforschung einer besseren Welt immer im Bereich des Möglichen liegt. Zum Schluss vielen Dank an alle, die diese Low-Tech-Erkundungstour ermöglicht haben: Erfinder, Teammitglieder und Freiwillige, Förderer, wie z. B. die Schneider-Electric-Stiftung und die AnBer-Stiftung, sowie an diejenigen, die bei der Produktion der Dokumentarserie *Nomade des Mers* mitgearbeitet haben. Abschließend vielen Dank an die Menschen, die dieses Buch lesen und den Optimismus und den Willen teilen, der uns dazu antreibt, den Planeten zu verbessern.

Text: Corentin de Chatelperron und Nina Fasciaux
Die französische Originalausgabe mit dem Titel *Nomade des Mers* erschien bei Hachette Livres – EPA, Paris.

Bibliografische Information der Deutschen Nationalbibliothek: Die Deutsche Nationalbibliothek verzeichnet diese Publikation in der Deutschen Nationalbibliografie; detaillierte bibliografische Daten sind im Internet über http://dnb.dnb.de abrufbar.

1. Auflage
ISBN 978-3-667-11851-6
Die Rechte für die deutsche Ausgabe liegen beim Verlag Delius Klasing & Co. KG, Bielefeld.

Aus dem Französischen von Chris Keutmann-Wohlthat
Lektorat: Katalin Golya, bookwise GmbH, München / Birgit Radebold
Coverfoto: © Gold of Bengal
Titelrückseite: © Gold of Bengal
Klappe vorn: © Benoît Stichelbaut
Umschlaggestaltung: Felix Kempf, www.fx68.de
Satz: Katalin Golya, bookwise GmbH, München
Druck: Gugler GmbH, Melk
Printed in Austria 2020

Delius Klasing Verlag, Siekerwall 21, D – 33602 Bielefeld
Tel.: 0521/559-0, Fax: 0521/559-115
E-Mail: info@delius-klasing.de
www.delius-klasing.de

Angaben zum Druck:
Cradle to Cradle™ ist der höchste Standard für Öko-Effektivität. Darunter versteht man das intelligente Produzieren nach dem Vorbild der Natur. Alle Cradle to Cradle™-Produkte werden so designed, dass sie am Ende Ihres Lebenszyklus wieder in biologische oder technische Kreisläufe zurückfließen können. Sämtliche Inhaltsstoffe der Cradle to Cradle™-Druckprodukte wurde von Umweltforschern auf Ihre Umwelt- und Gesundheitsverträglichkeit überprüft und speziell für umfassendes Recycling bzw. Kompostierung entwickelt. Cradle to Cradle™ ist die höchste Qualitätsstufe im ökologischen Druck und damit sind diese Produkte auch automatisch klimapositiv gedruckt um einen ganzheitlichen Mehrwert für die Umwelt zu leisten.

Mit diesem Buch erhalten Sie ein für den biologischen Kreislauf optimiertes und für die Gesundheit unbedenkliches Druckprodukt. Alle Inhaltsstoffe der Cradle to Cradle™ Druckprodukte wurden erstmals in Zusammenarbeit mit wissenschaftlichen Instituten analysiert, ausgewählt und weiterentwickelt, sodass sie optimal für Mensch und Umwelt sind. Gedruckt wird in Österreich auf Papier aus nachhaltiger Forstwirtschaft mit speziell konzipierten Pflanzenölfarben, die garantiert frei von Bisphenol A, VOC, CMR und Mineralölen sind und bei deren Verbrennung kein toxischer Abfall und Dioxin verursacht wird. Dieses Buch ist gut für Sie und für die Umwelt!

FSC MIX Papier aus verantwortungsvollen Quellen FSC® C005108 www.fsc.org

greenprint* klimapositiv gedruckt

CERTIFIED cradletocradle SILVER

Höchster Standard für Ökoeffektivität.
Cradle to Cradle™ zertifizierte
Druckprodukte innovated by gugler*.

Gedruckt nach der Richtlinie „Druckerzeugnisse" des Österreichischen Umweltzeichens. gugler*print, Melk, UWZ-Nr. 609, www.gugler.at